渤海湾盆地沙河街组页岩油储层微观特征研究

田同辉　陆正元　王　军
冯明石　刘　毅　戚明辉　著

科学出版社

北　京

内 容 简 介

　　本书以济阳拗陷沙河街组的 4 口页岩油密闭取心井作为研究对象,系统研究了页岩油储层岩石学特征、页岩油储层微观孔隙特征和流体赋存特征。提出页岩油储层岩石学分类方案,利用场发射环境扫描电子显微镜、氮气等温吸附实验和高分辨率图像定量分析等分析技术手段定量表征页岩油储层的微观储集空间特征,分析页岩油储层物性特征及其控制因素,探讨页岩油储层的流体赋存特征。

　　本书可供非常规油气地质评价和页岩油开发等研究方向的技术人员及大专院校师生参考使用。

图书在版编目(CIP)数据

渤海湾盆地沙河街组页岩油储层微观特征研究/ 田同辉等著. —北京:科学出版社,2018.8
　ISBN 978-7-03-058565-3

　Ⅰ.①渤… Ⅱ.①田… Ⅲ.①渤海湾盆地–油页岩–储集层特征–研究
Ⅳ.①P618.130.2

中国版本图书馆 CIP 数据核字(2018)第 195668 号

责任编辑:万群霞　崔元春 / 责任校对:彭　涛
责任印制:张　伟 / 封面设计:铭轩堂

科 学 出 版 社 出版
北京东黄城根北街 16 号
邮政编码:100717
http://www.sciencep.com
北京教图印刷有限公司 印刷
科学出版社发行　各地新华书店经销
*

2018 年 8 月第 一 版　　开本:787×1092 1/16
2018 年 8 月第一次印刷　　印张:9 1/2　插页:4
字数:223 000

定价:156.00 元
(如有印装质量问题,我社负责调换)

前　言

北美地区页岩油气的商业性开采的成功使页岩油气成为重要的接替资源。我国在松辽、渤海湾（辽河、濮阳、济阳等拗陷）及南襄等中新生代盆地中，均不同程度地获得了工业性页岩油流（李吉君等，2014；姜在兴等，2014；薛海涛等，2015；聂海宽等，2016）。截至2016年年底，在胜利油田渤海湾盆地主力烃源岩沙河街组沙四上亚段—沙三下亚段泥页岩中有320口探井见油气显示，其中40余口井获工业油气流，以沾化凹陷和东营凹陷居多（王勇等，2016）。

现有研究证实渤海湾盆地沙河街组页岩油储层具备形成页岩油气的条件和勘探潜力（王永诗等，2013a；张林晔等，2014）。但与北美地区海相地层页岩油气不同，渤海湾盆地沙河街组页岩油储层为陆相沉积，受物源方向多、物源区近、母岩类型多等影响，湖相页岩油具有岩石类型多、非均质性强和储集空间类型多样等特征。页岩油储层的矿物岩石学特征、储集空间类型、孔径分布和储集空间结构等特征将直接影响储层的有效孔隙度、渗透率、流体赋存运移和储层岩石力学性质（Wang and Reed，2009；Nelson，2009；Ambrose et al.，2010；Kuila and Prasad，2013）。系统研究渤海湾盆地沙河街组页岩油储层的岩性特征、微观储集空间特征、物性特征和烃类赋存特征是客观评价页岩油储集条件及可改造条件的关键基础问题。

本书依托国家重点基础研究发展计划（973计划）项目"陆相页岩油储集性能与流动机理"（2014CB239103）、中国石油化工股份有限公司重点科技攻关课题"页岩油开发基础研究"（P13059）和四川省教育厅基金重点项目"致密储层微观结构定量表征方法研究"（17ZA0038），以济阳拗陷沙河街组的4口页岩油密闭取心井作为主要研究对象，在页岩油储层岩石学特征研究的基础上，着重分析页岩油储层的微观孔隙特征和流体赋存特征。系统研究渤海湾盆地沙河街组页岩油储层的岩石学特征及其岩石分类，利用场发射环境扫描电子显微镜、氮气等温吸附实验和高分辨率图像定量分析等分析技术定量表征页岩油储层的微观储集空间特征，分析储层物性特征及其控制因素，研究页岩油储层的流体赋存特征，建立了不同岩性页岩油储层的储集空间分布、物性参数及其流体赋存特征的关系，这些成果为页岩油资源评价和有效开发提供了基础的科学依据。

本书由田同辉和陆正元统稿定稿。其中第1章由刘毅和王军撰写，第2章由田同辉和王军撰写，第3章由冯明石、田同辉和刘毅撰写，第4章由田同辉、陆正元、刘毅和戚明辉撰写，第5章由田同辉、刘毅和王军撰写。

本书在研究过程中得到了中国石油化工股份有限公司胜利油田分公司刘显太副总地质师、中国石油化工股份有限公司胜利油田分公司勘探开发研究院杨勇院长和杜玉山副院长的指导和支持，中国石油化工股份有限公司胜利油田分公司勘探开发研究院滩海研究室的徐耀东和晁静参与了部分研究工作；本书的出版得到了油气藏地质及开发工程国家重点实验室(成都理工大学)的资助；王兴建、孟祥豪等完成了部分测试工作，成都理工大学研究生姜自然、温仁均、张磊磊、张凤伟、刘高才、孙冬华和田玉敏等参与了部分取样、测试和分析工作，在此一并表示感谢！

　　由于水平有限，书中难免存在不妥之处，敬请读者批评指正。

作　者

2017 年 12 月

于山东东营

目 录

第1章 页岩油研究现状

页岩油(shale oil)的早期概念是指浅埋藏的富低熟有机质及高灰分的固体可燃油页岩,经过露天开采、碎裂研磨和催化加氢等工序而获得的一种人造石油(Trager,1920)。随着非常规油气勘探开发研究的深入,页岩油一词有了新的内涵,专指以游离态(含凝析态)和吸附态等方式赋存于有效生烃泥页岩层系中,且具有勘探开发意义的非气态烃类,其特点是"源储一体、滞留聚集"(邹才能等,2012)。页岩油所赋存的主体介质是曾经有过生油历史或现今仍处于生油状态的泥页岩地层,也包括从源岩中排出并短距离运移至相邻的致密砂岩、石灰岩、白云岩等薄层中的石油资源(邹才能等,2011a,2013;张金川等,2012;周庆凡和杨国丰,2012),如北美地区 Bakken、Montrery、Barnett、Eagle Ford、Duvernay 等页岩油聚集(Angulo and Buatois,2012;Milliken et al.,2012;Jennings and Antia,2013)及中国的鄂尔多斯延长组、松辽盆地白垩系、江汉盆地潜江组、辽河拗陷沙河街组等的页岩油聚集(贾承造等,2012a,2012b;李吉君等,2014;卢双舫等,2016;王芙蓉等,2016)。

本书中渤海湾盆地沙河街组页岩油是指以游离态和吸附态等方式赋存于富有机质泥页岩层系,也包括其中的少量粉砂岩和碳酸盐岩薄层,一般不能获得自然产能,但通过水平井多段压裂等技术手段可能实现规模经济开采的烃类资源。

1.1 细粒沉积岩岩石学分类

细粒沉积物(fine-grained sediments)是指粒径小于 62μm 的黏土级和粉砂级沉积物,成分主要包括黏土矿物、碳酸盐、粉砂、生物硅质、有机质等(Tucker,2001;Aplin and Macquaker,2011)。由细粒沉积物组成的沉积岩称为细粒沉积岩,其中具有页理发育特征的称为页岩,不具有页理发育特征的称为泥质岩,在油气勘探开发研究中笼统称为泥页岩(冯增昭,1994)。

目前国际通用标准中,将粒级小于 1/256mm 的细粒沉积物称为黏土质,其成分以黏土矿物为主。粒级为 1/256~1/16mm 的细粒沉积物称为粉砂质。岩石分类定名中的泥质包括伊利石、蒙脱石、高岭石等黏土矿物,也包括粒径小于 62.5μm 的石英、长石等陆源碎屑(赵澄林和朱筱敏,2001;郝运轻等,2012)。

随着页岩油勘探开发的深入,细粒沉积岩的分类、岩相划分等方面的研究逐渐引起重视。James(2007)依据页岩结构、矿物成分和化石特征将美国 Fort Worth 盆地 Barnett 泥页岩划分为有机质黑色页岩、化石页岩、白云石页岩和磷酸页岩 4 类。鄂继华等(2015)基于 X 射线衍射数据提出以碳酸盐矿物、长英质矿物和黏土矿物作为端元的三端元四组分细粒沉积岩定名方法,另外一种组分为方沸石。董春梅等(2015a)提出了考虑有机质组分的"四组分三端元"分类方法。依据黏土矿物、碳酸盐矿物和长英质矿物作为三端元的划分方案中，毛俊莉等(2016)结合不同成分的含量进一步对混合型泥页岩进行划分，陈世悦等(2016)结合构造层理特征将细粒沉积岩划分为 8 类岩相 17 个小类。

目前，针对非常规页岩油气细粒沉积岩的分类命名方案，均是在碎屑岩分类方案(石英、长石和岩屑作为三端元)及碳酸盐岩类分类方案(黏土岩、石灰岩和白云岩作为三端元)的基础上，结合地区实际的矿物成分、沉积构造、有机质等特征改进而来的，尚未形成统一的标准和认识。

由于泥页岩层系细粒沉积岩岩石定名方案较多，多以碳酸盐矿物、黏土矿物、粉砂(陆源碎屑或长石+石英)作为三端元进行岩石定名，同时加入岩石构造特征或有机质特征进行综合命名，在混合沉积岩区区分不明显，缺少适用于渤海湾盆地沙河街组页岩油储层矿物岩石分类、储层微观及宏观分析的细粒沉积岩命名方案。

1.2　页岩油储层特征研究

对于微纳米级孔径的页岩油储层而言，储层的微观储集空间类型、孔隙的孔径分布与结构、储层物性等方面的研究尤为重要。泥页岩层系孔隙特征的探索和观察开始于 20 世纪 70 年代，O'Brien(1971)观察高岭石和伊利石絮状物，首次发现在絮状的黏土矿物内，片状颗粒通过边缘与边缘、边缘与面、面与面之间的定向接触形成"纸房构造"(card-house)。O'Brien 和 Slatt(1990)列举了一些具有微层理构造的黏土矿物集合体实例，认为这种"纸房构造"和开放孔隙能够提供大于甲烷分子直径的孔隙空间。Katsube(1992)认为在深埋藏条件下，直径大于 25nm 的孔隙较少，孔隙主要分布在 2.7～11.55nm。Jarvie等(2007)发现泥页岩有机质生烃可以形成纳米级孔隙，它能够为岩石提供更多的孔隙空间。Singh 等(2009)提出微观储层的"纳米级孔隙"概念。我国邹才能等(2011b)在四川盆地须家河组和鄂尔多斯盆地延长组发现了小于 1μm 的纳米级孔隙。

随着科技的发展与进步，一些先进的技术手段逐渐被引入微观特征的研究中。进入21 世纪后，针对泥页岩储层的相关概念体系和系统的储集空间分类方案逐步建立起来，同时对于微观孔隙成岩演化的研究也初见成效。

1.2.1　储层微观分析的技术手段

北美地质人员率先运用扫描电子显微镜(scanning electron microscope, SEM)、X 射线衍射成像、透射电子显微镜(transmission electron microscope, TEM)、原子力显微镜(atomic force microscope, AFM)、共聚焦激光扫描电子显微镜(confocal laser scanning microscope, CLSM)、核磁共振(nuclear magnetic resonance, NMR)、氩离子抛光-环境扫描电子显微镜(Ar-environmental scanning electron microscope, Ar-ESEM)、低压 N_2 和 CO_2吸附、纳米 CT 扫描光谱、小角散射(small angle scattering, SAS)背散射电子成像、高压压汞等技术方法，研究泥页岩储层微观孔隙结构、连通性和孔隙密度等，取得了许多创新性认识和成果(Bustin et al.，2008；Javadpour，2009；Smith et al.，2009；Sondergeld et al.，2010；Bernard et al.，2012；Slatt et al.，2013；Saidian et al.，2014)。储层微观特征的表征技术大致可分为以下三大类。

1. 直接观测法

扫描电子显微镜是储层微观特征研究中最常用的图像学观测研究工具。由于页岩油储层主要由微纳米级孔径的孔隙组成，在高分辨率的场发射扫描电子显微镜(field emission scanning electron microscope, FESEM)的基础上对孔隙进行观察并获取图像加以分析，结合 X 射线能谱进行定性评估，能有效获得页岩油储层中孔隙的颗粒接触关系、孔隙形态和孔隙大小等信息，结合统计学方法还能定量获取孔径分布、面孔率等信息(Giffin et al.，2013；焦堃等，2014)。氩离子抛光技术能够有效避免颗粒遮挡造成的孔隙假象，与场发射扫描电子显微镜的联用也是目前主流的图像学研究手段，此种技术在国内外已有大量应用(Passey et al.，2010；Liu et al.，2011；Chalmers et al.，2012；Klaver et al.，2012)。目前，针对页岩油储层运用场发射扫描电子显微镜图像的研究多停留在描述微纳米级孔隙的形态与结构定性分析，高分辨率图像定量分析的研究较少。鉴于图像定量分析能够获取的信息量和实用性，如何建立页岩油储层图像定量分析方法，并与储层评价与勘探开发等实际问题相结合，是油气开发地质工作者亟待解决的问题。

2. 间接测定法

将 N_2、CO_2、CH_4 等气体或使用汞等非润湿性流体在不同温压条件下注入样品并记录流体注入量，获得连续的实验数据值，通过理论模型计算能够获取样品微观孔隙的孔径分布、比表面积(specific surface area)等信息，这些方法在储层孔喉研究中应用广泛。

1)低温气体等温吸附法

低温气体等温吸附法是在等温条件下将吸附质(N_2 或 CO_2)气体注入吸附剂(样品)内，通过记录不同压力条件下吸附质在介质表面的气体吸附量，根据理论模型解译并计算出吸附剂内表面和孔隙性质的方法。该方法所能测定的最小理论孔径为吸附质气体的分子直径，最大直径一般不超过 100nm。一般而言，N_2 吸附适用于孔径为 0.4~50nm 的孔隙测定，CO_2 吸附适用于孔径为 0.4~2nm 的孔隙测定[①]。

在表征多孔介质的储层特征时，选取适当的模型能够提高孔隙的解译精度。Langmuir(1917)假设表面只存在一种吸附位并且只吸附单个吸附质分子，从动力学角度推导出了单分子层吸附状态方程。当吸附质气体温度低于正常沸点时往往发生多分子层吸附，Brunaner 等(1938)假设表面吸附作用远大于吸附质分子间的相互作用，提出了多分子吸附模型并建立了 BET 等温方程，该理论适用于表面化学性质均匀的固体表面吸附。以 Kelvin 方程为基础的 BJH 法(Barrett, et al, 1951)与毛细管凝聚现象有关，能够有效表征孔径范围中孔(2~50nm)的孔径分布，但对于微孔的表征准确率较低。由 Horvath 和 Kawazoe(1983)建立的 HK 方法和 Saito-Foley 建立的 SF 方法是致力于计算微孔样品有效孔径分布的半经验分析方法，分别适用于裂缝状微孔(如活性炭、层状黏土等)和孔截面

---

① 中华人民共和国国家质量监督检验检疫总局，中国国家标准化管理委员会. 2008. 压汞法和气体吸附法测定固体材料孔径分布和孔隙度第 2 部分: 气体吸附法分析介孔和大孔: GB/T21650.2-2008/ISO 15901-2: 2006.

呈椭圆状的微孔材料(如沸石分子筛等)。相对于宏观热力学方法，密度泛函理论(density functional theory, DFT)和计算机模拟方法(如 Monte Carlo 拟合)的结合不仅真实反映了孔中受限流体的热力学性质，而且更适用于表征微孔和中孔全范围孔隙结构的分析(杨正红和 Thommes，2005)。经过实验验证，采用 N_2 低温吸附得到的吸附等温线与非定域密度函数理论(nonlocal density functional theory, NLDFT)的模拟结果重合，应用 BJH 法分析得到的孔径结果明显比 NLDFT 得到的小(陈永，2010)。

近些年，低温气体等温吸附法在非常规泥页岩储层孔隙研究领域得到了广泛应用，通过分析泥页岩中孔隙的分布和比表面积，建立孔隙特征与矿物组分、有机碳含量(TOC)和有机质成熟度(R_o)间的相互关系，探寻微观孔隙演化的控制因素(郭为等，2013；刘国恒等，2015；何斌等，2015；赵靖舟等，2016)。同时，低温气体等温吸附法与其他微观孔隙研究手段的综合使用，也达到了良好的表征效果(张先伟和孔令伟，2013；杨峰等，2014)。

2) 高压压汞法

压汞法(水银注入法)是利用压汞仪在不同压力条件下，将汞压入多孔介质以获取孔隙结构特征的方法，也是国内外用以测定毛管压力最常用的方法。压汞仪工作压力为33000psi[①]或 60000psi，理论上可测量的孔隙喉道分布范围为 0.004~440μm。

压汞法在研究常规储层孔隙喉道分布方面具有较大优势，但对于泥页岩样品的测试和分析，压汞法具有一定的限制及分析误差。一方面，根据 Wardlaw(1976)的理想模型，进汞和退汞毛管压力曲线能综合反映岩石孔隙结构特征。当孔喉比较大时，测量结果才具有较高的精确度。页岩油储层黏土矿物含量较高，孔隙内表面粗糙且孔喉比小，测量结果易产生误差。另一方面，根据 Washburn 方程计算，对于半径为 7.26nm 的孔隙需要施加 101.3MPa 的压力才能将汞压入。应用压汞法时，测试的孔隙越小，需要的压力越大。泥页岩具有低孔低渗、微纳米级孔径的特点，高压下孔结构会发生可逆和不可逆变形，许多纳米级孔都会变形甚至压塌，卸压后样品内存有残留汞，致使结果偏离理论值(陈永，2010)。因此，高压压汞法对纳米级孔的测定不够准确。基于以上原因及研究区实际储层地质条件，本书不采用高压压汞法进行储层特征分析。

3. 数值模拟法

高分辨率电镜图像在孔隙形态观察时便捷直观，对兴趣点进行深入观察后，可获取高分辨率平整截面对一定区域构建孔隙空间三维模型，实现储层的三维结构表征(Keller et al.，2011；Curtis et al.，2012；Dewers et al.，2012；Bai et al.，2013)。此外，国内利用微计算机断层扫描技术(microcomputed tomography, Micro-CT)对储层三维结构特征进行表征，在泥页岩及致密储层微孔三维空间展布研究中取得了较好的结果。鉴于数值模拟法表征技术对设备硬件要求较高，成本投入高，应用并不广泛。

---

① 1psi=6.89476×10³Pa。

1.2.2　储集空间分类

纵观国内外针对泥页岩储层微观储集空间的研究进展，储集空间的划分依据及标准繁多，目前尚未达成统一的认识。储层微观孔隙分类方案较多，具有代表性的分类方案主要包括基于微孔隙大小(孔径)的分类方案、基于孔隙产状和结构的分类方案和基于孔隙成因的分类方案 3 种。

1. 基于微孔隙大小(孔径)的分类

基于微孔隙大小(孔径)的分类方案较多(图 1.1)。霍多特(1996)针对煤层气储层微观孔隙提出的分类方案：微孔($<$10nm)、过渡孔(10~100nm)、中孔(100nm~1μm)、大孔($>$1μm)。Chalmers 等(2009)建议泥页岩地质工作者采用国际理论和应用化学协会 (International Union of Pure and Applied chemistry, IUPAC)(Sing et al.，1985；Rouquerol et al.，1994)针对化学材料物理吸附特征提出的分类方案，即微孔($\leqslant$2nm)、中孔(2~50nm)和大孔($\geqslant$50nm)。邹才能等(2010a，2010b)认为我国致密砂岩气的主体微观孔隙集中分布在 300~900nm，泥页岩主体微观孔隙为分布在 80~200nm 的纳米级孔隙，因此将微观孔隙进一步划分纳米级孔隙($\leqslant$1μm)和微米级孔隙(1μm~1mm)。Loucks 等(2009)发现颗粒内的有机纳米孔通常具有不规则、气泡状和椭圆形横截面，孔径范围为 5~750nm，主要分布在 100nm 左右。Loucks 等(2012)认为相比于 Rouquerol 的分类方案，Choquette 和 Pray(1970)针对碳酸盐岩的孔隙分类方案更适用于泥页岩微观孔隙划分，即皮米孔($\leqslant$1nm)、纳米孔(1nm~1μm)、微孔(1~62.5μm)、中孔(62.5~400μm)和大孔($\geqslant$400μm)。钟太贤(2012)在中国南方海相页岩孔隙结构研究中，将储集空间分为微孔($<$10nm)、过渡孔(10~100nm)、中孔(100nm~1μm)、大孔(1~10μm)和裂缝($>$10μm)。张廷山等(2014)在四川盆地南部泥页岩微观孔隙特征研究中，基于孔隙大小将储集空间划分为微孔($<$10nm)、小孔(10~100nm)、中孔(100nm~1μm)、大孔($>$1μm)。根据渤海湾盆地沙河街组页岩油储层微观孔隙孔径分布特征，本书采用 IUPAC 的孔隙孔径分类方案。

2. 基于孔隙产状和结构的分类

Bennett 等(1991)将"纸房构造"的概念引入泥页岩储层的研究中。因此，黏土矿物集合体间的粒间孔隙被认为是泥页岩储层中最早发现的储集空间。随着将光学显微镜、氩离子抛光-环境扫描电子显微镜、CT 扫描等先进观察技术引入储层微观特征研究，可以在获取高分辨率图像的基础上直观分析微纳米孔隙的大小、形状及颗粒成分，发展出以孔隙产状-结构为依据的分类方案。

Milner 等(2010)在研究东得克萨斯盆地 Haynesville 泥页岩时提出了基质晶间孔与有机质孔。Slatt 和 O'Brien(2011)在 Barnett 和 Woodford 泥页岩孔隙网格研究中提出了颗粒内孔、泥质絮状孔、粪球粒内孔、化石碎屑内孔、有机质孔和微裂缝。Loucks 等(2012)提出了以粒(晶)间孔、粒(晶)内孔和有机质孔为主的三端元泥页岩孔隙分类方案，该方案被广大学者借鉴，并基于此进一步提出了适合不同地区的分类方案。陈一鸣等(2012)

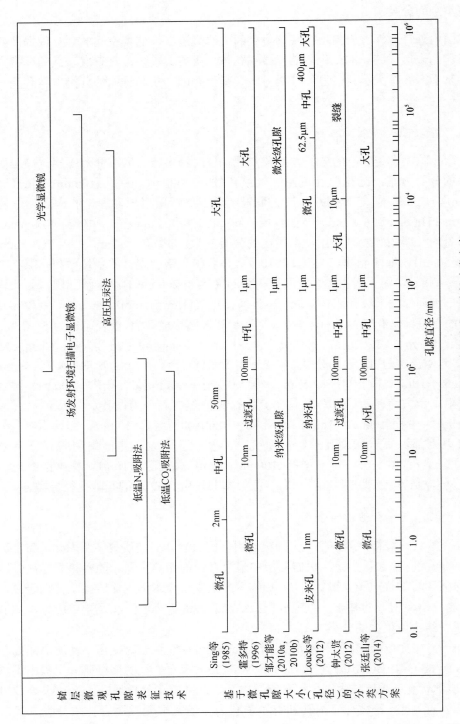

图 1.1 页岩油储层微观孔隙表征技术及孔径分类方案

对比了北美泥页岩储层孔隙类型研究方法，综合了多名学者的研究观点后，将孔隙类型划分为有机质孔、化石孔、矿物质孔、粒间孔和微孔道 5 种类型。崔景伟等(2012)认为泥页岩孔隙分为粒间孔、粒内孔和有机质孔 3 种类型，不仅简单实用，还能够兼顾油气流动差异和油气润湿性。杨元等(2012)观察了不同岩性样品中孔隙的大小、形态和分布特征，以孔隙形态和成因为基础，将微观孔隙划分为 9 种类型：沥青孔、有机质孔、絮凝成因孔、生物孔、草莓状黄铁矿晶间孔、黏土矿间孔、矿物溶孔、粒屑孔和微裂缝。胡琳等(2013)基于泥页岩孔隙结构的分形特征角度，将孔隙划分为凝聚-吸附孔隙、渗透孔隙和吸附孔隙 3 种类型。杨峰等(2013)依据孔隙发育位置将孔隙类型划分为 5 种类型，分别为烃类纳米孔、黏土矿物粒间孔、岩石骨架矿物孔、古生物化石孔和微裂缝。

3. 基于孔隙成因的分类

朱筱敏等(2007)通过对比济阳坳陷不同次级凹陷古近系孔隙演化分布特征，将页岩油储层孔隙类型分为原生孔隙和次生孔隙两大类。原生孔隙包括压缩原生粒间孔、胶结剩余粒间孔和杂基微孔隙，次生(溶蚀)孔隙包括粒间溶孔、粒内溶孔、铸模孔和超大孔。朱如凯等(2013)从孔喉成因与分布位置角度进行微观孔隙结构表征研究，认为中国南方海相泥页岩孔隙分布范围为 20～890nm，包括有机质纳米孔与粒内孔；陆相泥页岩孔隙主体介于 30～200nm，孔隙类型为有机质孔和基质孔；致密灰岩层孔隙类型包括粒间溶孔、方解石粒内溶孔与微裂缝。何建华等(2014)以孔隙成因与孔隙发育位置作为主要的分类依据，将微观孔隙分为原生沉积型、成岩后生改造型及混合成因 3 个大类，并将其进一步划分为古生物化石孔、粒间孔、粒内孔及有机质孔等 10 个亚类。

4. 裂缝的分类

在泥页岩储层微观特征的研究中，裂缝的分类方案较少，主要具有以下几种分类方式。①根据裂缝的发育规模分类。聂海宽和张金川等(2012)将裂缝划分为 5 类：巨型裂缝(宽度＞1mm；长度＞10m)、大型裂缝(宽度为毫米级；长度为 1～10m)、中型裂缝(宽度为 0.1～1mm；长度为 0.1～1m)、小型裂缝(宽度为 0.01～0.1mm；长度为 0.01～0.1m)和微型裂缝(宽度为＜0.01mm；长度为＜0.01m)。②根据裂缝成因分类。魏祥峰等(2013)、蒲泊伶等(2014)和郭旭升等(2014)将裂缝划分为构造裂缝、成岩收缩缝、层间页理缝、溶蚀缝和超压破裂缝。袁静等(2016)将裂缝划分为构造裂缝和非构造裂缝，其中非构造裂缝包括风化缝、成岩缝、超压缝和溶蚀缝。③根据裂缝发育位置和与周围基质关系分类。杨峰等(2013)根据裂缝角度将其划分为高、中、低 3 种倾角类型，根据充填情况将其划分为充填缝、半充填缝和无充填缝 3 种裂缝类型。

1.2.3　储层物性影响因素

储层物性是构造格局、沉积环境和成岩作用共同控制的结果。济阳坳陷古近系多个次级凹陷深部储层具有不同的岩石和成因类型，埋藏过程中经历了压实作用、溶蚀作用、胶结作用和交代作用等多种成岩作用，受所处构造背景、地层压力和流体环境的影响，渤海湾盆地沙河街组页岩油储层发育多种成岩演化模式(钟大康等，2004；朱筱敏等，2006；张林晔等，2011；李钜源，2015)。

由于页岩油储层的储集空间能够为流体提供储集场所，储集空间类型、储集空间结构网格与矿物组成、有机质演化、成岩作用等密切相关(Slatt and O'Brien，2011；Loucks et al.，2012)。随着埋藏成岩及温度的升高，黏土矿物、碳酸盐矿物、有机质等物质均会发生转化作用。黏土矿物中的蒙脱石转变为伊利石或高伊利石的伊/蒙混层(Hower et al.，1976)。有机质与地下环境介质发生化学及物理作用，随着介质条件的变化发生相应的演化。对储层孔隙成因的研究发现碱性和酸性成岩环境均可形成次生孔隙，干酪根热解生烃实验发现酸性流体导致的溶蚀孔增加是泥页岩储集空间增加的主要原因(Sherer，1987；张响响等，2011；孟元林等，2012；袁静等，2012)。碳酸盐矿物晶体大小、结晶形态、胶结物等不仅受到有机质成熟过程中有机酸的影响，也受到沙四段碳酸盐矿物溶解的影响，进而孔隙类型及孔径分布发生改变(姜在兴等，2013；郭佳等，2014)。因此，本书从储层的矿物岩石特征出发，在微观储集空间类型、孔隙分布与结构特征分析的基础上，结合物性特征、有机质变化等分析结果，研究渤海湾盆地沙河街组页岩油储层的物性影响因素。

1.3　页岩油流体赋存研究

泥页岩体系中既包括滞留烃，也包括干酪根。滞留烃包括轻烃和重烃。依据轻烃及介质作用的本质进行划分，轻烃的赋存状态分为游离态、溶解态、物理吸附态、化学吸附态和水合态，对页岩油产能起贡献的主要是游离态的轻烃(李广之等，2007；Saraji and Piri，2015)。页岩油储层具有岩性种类多样、孔隙网格复杂、孔隙类型较多及孔径小等特点，在以往的研究中，对页岩油储层中残留油气量、赋存特征及可动油比例研究较少，常规岩心测定方法对泥页岩都存在一定的局限性，如何能够准确地表征页岩油流体的赋存特征存在诸多难点。

在页岩油储层流体微观赋存方面，通过光学电镜荧光分析及扫描电子显微镜观察发现，页岩油储层中的粒间孔、有机质孔、晶间孔及裂缝中可赋存烃类(梁超，2015)。游离态烃类可赋存于构造缝、页理缝、重结晶晶间孔和溶蚀孔中，其中赋存于较大孔隙中的烃类可形成连续的烃类聚集，在较小的纳米级粒间孔中存在游离态烃和部分吸附态烃(Zou et al.，2013)。Wang 等(2015)应用分子动力学模型研究 Bakken 储层纳米孔隙时发现 13%的原位油为吸附态烃。王森等(2015)基于 OPLS(optimized potentials for liquid simulation)力场模拟发现泥页岩孔缝内的液态烃密度分布并不均匀，固体壁面的烷烃密度为游离态流体密度的 1.9~2.7 倍。通过扫描电子显微镜观察和 X 射线能谱相结合，在分析微纳米孔喉中的有机质元素及含量的基础上，能够探讨不同有机质赋存类型的差异，分析有机质与无机矿物间的相互关系(樊馥等，2011；朱如凯等，2013；公言杰等；2015)。侯建等(2014)借助 CT 微观驱替实验系统分析岩心中剩余油的微观赋存状态。

　　我国也陆续开展了页岩油储层含油气量、可动油率、滞留烃资源评价等方面的诸多探索。赵文智等(2015)对我国 15 个海相和陆相不同类型烃源岩进行生烃模拟实验与岩石热解参数分析认为,烃源岩的排油率与有机质丰度、类型、演化程度和烃源岩岩性、厚度及输导层发育程度密切相关。由于我国页岩油研究起步较晚,目前无成熟的可动油率或滞留烃资源评价方法,常见的 3 种研究方法为:①利用核磁共振岩心分析实验研究;②利用热解参数 S_1(游离态烃)计算;③利用原始氯仿沥青"A"含量计算(包友书等,2016)。通过核磁共振技术能够计算泥页岩或致密砂岩储层中液态烃的轻质油含量,研究可动油比例及分布特征(李钜源,2014;王瑞飞等,2014;李海波等,2015;周尚文等,2015)。王明磊等(2015)结合核磁共振及 CT 扫描技术确定流体在储集层中的赋存量,该方法能够满足页岩油储层微纳米级孔隙流体赋存表征的需要,并在孔喉表征方面具有一定的成效,但成本花费较高,人力设施投入较大。

　　应用有机地球化学方法获取的 TOC 含量、热解参数 S_1 和氯仿沥青"A"等参数来衡量滞留烃量的方法在我国多地页岩油储层研究中取得了良好的效果,该参数也可用于储层含油丰度评价(宋国奇等,2015;刘伟新等,2016;卿忠等,2016)。因这些参数均与有机质丰度、类型和成熟度有关,样品实测的有限数据点并不能反映储层含油特征的纵向连续性,基于泥页岩固有物理和化学性质对应不同的测井响应特征,可以通过 $\Delta \lg R$ 模型构建测井曲线与实测数据的关系模型,获取游离态烃含量的垂向变化规律(王文广等,2015;陈小慧,2017)。通过对热解参数 S_1 和氯仿沥青"A"的数据校正,以这两种参数进行页岩油分级,能够指示有利油气区段,为页岩油资源的评价工作奠定基础(王敏,2014)。因此,将扫描电子显微镜、氩离子抛光技术、X 射线能谱等微观研究手段与矿物岩石学、有机地球化学实验(TOC、热解参数 S_1 和氯仿沥青"A"等)相结合,为页岩油流体赋存表征提供了新思路(张林晔等,2015;王勇等,2016)。

1.4　胜利油区页岩油的相关研究

　　在常规油气勘探阶段,渤海湾盆地沙河街组页岩油层段就频繁见到气测异常和油气显示。1973 年,在东营凹陷中央隆起带钻探河 54 井沙三下亚段 2928~2964.4m 页岩油层段中途测试,5mm 油嘴放喷,产油 91.4t/d,产气 2740m³/d,这是济阳拗陷沙河街组第一口工业页岩层段的油气井(王永诗等,2013a)。2010 年年底,在沾化凹陷渤南洼陷罗 69 井沙四上亚段—沙三下亚段密闭取心 229.8m。2012 年,在东营凹陷博兴洼陷、牛庄洼陷和利津洼陷内相继部署了页岩油储层系统密闭取心井樊页 1 井、牛页 1 井和利页 1 井。截至 2013 年年底,经过老井复查,济阳拗陷共有 300 余口探井在页岩油储层中见油气显示,70 余口探井见油气流,其中 38 口探井获得工业油气流,并且大多为异常高压(王鸿升和胡天跃,2014)。这 38 口获得工业油气流或低产油气流的探井中,24 口探井的页岩油储层中夹薄层砂岩或碳酸盐岩,同时,有 26 口探井的页岩油储层仅产油而不产气,10 口探井的页岩油储层段既产油又产气,2 口探井仅产气。页岩油主要产出层系为沙三下亚段和沙四上亚段,沙一下亚段也有发现。平面上沙四上亚段页岩油气主要分布于东营凹陷，沙三下亚段页岩油气以沾化凹陷和东营凹陷最多。已投产的探井初期产能为12～72t/d，东营凹陷的河 54 井累积产量已达 27896t，东营凹陷的永 54 井、沾化凹陷的新义深 9 井、罗 42 井累积产量均在万吨以上，这就表明在沾化凹陷和东营凹陷页岩油储层中可以获得较好的产能(宁方兴等，2015；宋国奇等，2015)。

前人研究已明确渤海湾盆地济阳坳陷沾化凹陷和东营凹陷沙四上亚段—沙三下亚段这两套页岩油储层中存在可供开采的油气资源(张林晔等，2005，2008，2012；张善文等，2012)，开展了不少基础性研究。李志明等(2010)利用 X 射线衍射分析了渤海湾盆地东营凹陷有效烃源岩的矿物组成特征。樊馥等(2011)通过检测透射光、荧光和 X 射线衍射对比了不同密度组分有机质赋存类型的差异性。朱日房等(2012)根据干酪根生烃过程中的体积变化讨论了东营凹陷页岩油储层生烃演化对储集空间的贡献。刘惠民等(2012)通过岩心观察、薄片鉴定和荧光观察划分了沾化凹陷沙三下亚段的岩相类型。李钜源(2013，2015)分析了东营凹陷页岩油储层的矿物组成和脆性，进而研究了孔隙特征及孔隙度演化规律。王永诗等(2013a)、宋国奇等(2013)分别建立了适用于页岩油气资源的评价技术方法。王永诗等(2013b)、张磊磊等(2016)在岩心观察、薄片鉴定和扫描电子显微镜观察的基础上，对沾化凹陷古近系沙河街组页岩油层段的储集空间进行划分并进行定性观察描述。张顺等(2015)综合矿物成分、沉积构造、有机质丰度、颜色等因素，建立了一套东营凹陷泥页岩的岩相划分方案。宁方兴(2014，2015)根据页岩油的赋存空间和赋存岩石类型，对比了东营凹陷沙河街组基质型和裂缝型页岩油的差异性，明确了页岩油富集的主控因素。张林晔等(2015)分析了东营凹陷沙河街组储集空间的成因机制。宋国奇等(2015)利用分析测试实验、录井、试油和测井资料分析了影响古近系陆相页岩油产量的地质因素。张琴等(2016)在对沾化凹陷富有机质页岩的矿物组成和微观孔隙研究的基础上，应用 N_2 吸附实验对中孔(2～50nm)进行了定量表征。郝运轻等(2016)通过系统的岩心观察和高密度薄片鉴定分析，对渤海湾盆地沙河街组页岩油储层的成因相进行划分。王永诗等(2016)对东营凹陷沙河街组页岩油储层的形成机理和油气成藏过程进行了分析。

第2章 区域地质概况

页岩油取心井位于济阳坳陷沙河街组,盆地构造背景、沉积特征和地球化学特征表明济阳坳陷沾化凹陷和东营凹陷古近系沙河街组沙四上亚段—沙三下亚段的沉积环境以具有一定盐度的闭塞湖盆相及半深湖-深湖相为主,页岩油层具有厚度大、有机质丰度高、有机质类型好和高成熟度的特点。

2.1 区域构造背景

4 口页岩油取心井位于济阳坳陷的沾化凹陷和东营凹陷(图 2.1),4 口井合计取心长度为 1037.30m(表 2.1)。济阳坳陷位于渤海湾盆地东南缘,郯庐断裂带西侧,是渤海湾盆地的一个次级构造单元,在郯庐大断裂带和兰考-埋西大断裂带的挟持下,围绕鲁西隆起北缘形成逆时针方向左旋走滑扭动的面貌,总面积约为 25510km²(吴智平等,2003;邱楠生等,2006)。坳陷内自南而北发育了东营、惠民、沾化和车镇 4 个凹陷及众多的次级洼陷,其被青城、滨县、陈家庄、无棣、义和庄、孤岛等凸起分隔。

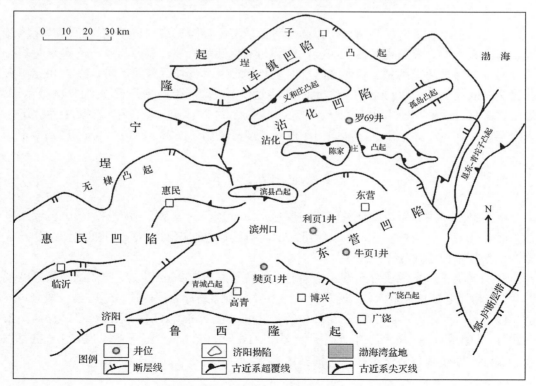

图 2.1 渤海湾盆地济阳坳陷构造位置及单元划分

资料来源:胜利油田石油地质志编写组,1993

　　沾化凹陷位于济阳拗陷东北部，为渤海湾盆地济阳拗陷三级构造单元。凹陷东南与垦东-青坨子凸起相接，南部为近东西向的陈家庄凸起，西部与车镇凹陷毗邻，北部为北东向的义和庄凸起，面积约有 2800km²，平面上呈向西南端收敛、向北东方向撒开的喇叭状。取心井罗 69 井位于沾化凹陷渤南洼陷罗家鼻状构造带上，取心长度为 233.50m（表 2.1）。

表 2.1　济阳拗陷沙河街组 4 口页岩油取心基础信息表

井号	地区名称	层位	顶深/m	底深/m	取心长度/m
罗 69 井	沾化凹陷渤南洼陷	Es_3^x	2909.50	3129.50	220.00
		Es_4^s	3129.50	3143.00	13.50
樊页 1 井	东营凹陷博兴洼陷	Es_3^x	3050.50	3249.43	198.93
		Es_4^s	3249.43	3438.30	188.87
牛页 1 井	东营凹陷牛庄洼陷	Es_3^x	3295.00	3315.98	20.98
		Es_4^s	3315.98	3490.00	174.02
利页 1 井	东营凹陷利津洼陷	Es_3^x	3580.00	3696.00	116.00
		Es_4^s	3735.00	3840.00	105.00

　　东营凹陷位于济阳拗陷南部，为渤海湾盆地济阳拗陷三级构造单元。西部以青城凸起、林家樊构造为界与惠民凹陷相接，北部与沾化凹陷毗邻，东部与莱州湾青东凹陷沟通，南部地层呈超覆接触于鲁西隆起、广饶凸起之上，长轴近东西走向长约 150km，南北宽 74km，面积约 5700km²。受盆地断裂活动和中央隆起带的抬升影响，凹陷被分割成牛庄、博兴、利津和民丰 4 个洼陷。取心井樊页 1 井位于博兴洼陷内，牛页 1 井位于牛庄洼陷内，利页 1 井位于利津洼陷内，取心长度分别为 387.80m、195.00m 和 221.00m。

2.2　地层沉积体系

　　济阳拗陷新生界组成盆地的沉积盖层包括古近系、新近系和第四系，其中古近系包括孔店组（Ek）、沙河街组（Es）、东营组（Ed），新近系包括馆陶组（Ng）和明化镇组（Nm），第四系包括平原组（Qp）（表 2.2）。

　　济阳拗陷古近系地层分布普遍，厚度大，最厚可达 7000m 以上，向边缘地带厚度减薄，至凸起处厚度仅为数米。古近系沙河街组自下而上划分为沙四段（Es_4）、沙三段（Es_3）、沙二段（Es_2）、沙一段 4 个亚段（康仁华等，2002；王居峰，2005；宋国奇等，2014；张守鹏等，2016）。本书的研究目的层段为沙四上亚段（Es_4^s）和沙三下亚段（Es_3^x），主要对古近系沙河街组地层及沉积体系进行详述。

表 2.2　济阳拗陷新生界地层发育特征

地层				厚度/m	岩性	沉积环境
界	系	统	组	段		
	第四系	全新统	平原组		250～350	黄色、灰色黏土夹细粉砂	泛滥平原
		上新统	明化镇组		650～1300	棕黄、棕红色泥岩夹浅灰色粉砂岩	泛滥平原
	新近系	中新统	馆陶组		300～800	下段为厚层砾岩、含砾砂岩、砂岩，上段为紫红色、灰绿色泥岩与粉细砂岩互层	辫状河
新生界		渐新统	东营组	一段	0～420	灰色、灰绿色、少量紫红色泥岩与砂岩、含砾砂岩呈不等厚互层，或夹薄层碳酸盐岩	河流三角洲
				二段			
				三段			
	古近系		沙河街组	一段	0～450	灰色、深灰色泥岩和油泥岩	湖泊相
				二段 上	0～200	灰绿色、紫红色泥岩与灰色砂岩互层	浅湖-半深湖
				二段 下	0～200	灰绿色、灰色泥岩与砂岩、含砾砂岩互层	河流和沼泽
		始新统		三段 上	0～500	绿色、深灰色泥岩、油泥岩与粉砂岩互层	三角洲、半深湖-深湖
				三段 中	200～400	深灰、褐灰色泥岩、油泥岩	
				三段 下	100～300	深灰色泥岩、油泥岩和黄褐油泥岩	
				四段 上	1500～1600	下部为泥岩与白云质含砾砂岩、灰质砂岩互层，上部为泥岩、油泥岩、灰岩和泥质灰岩互层	三角洲、近岸水下扇、滩坝
				四段 下		砂泥岩夹粉砂岩、砂质泥岩和薄层碳酸盐岩	扇三角洲、浅水湖泊
			孔店组	一段		紫红色泥岩与棕红色砂岩不等厚互层	河流、滨浅湖
				二段		泥岩夹碳质泥岩、油泥岩及煤层	
		古新统		三段		紫灰色、灰绿色玄武岩	

2.2.1　沙四段

沙四段（Es_4）形成于始新世中期，厚度可达 1500～1600m，纵向上呈现粗—细—粗的完整旋回。根据岩性组合和生物特征，沙四段可划分为沙四下亚段（Es_4^x）和沙四上亚段（Es_4^s）。

沙四下亚段（Es_4^x）为干旱-半干旱条件下快速充填的扇三角洲、浅水湖泊沉积。岩性以灰色、深灰色、灰褐色泥岩为主，夹粉砂岩、砂质泥岩和薄层碳酸盐岩。同一地区的不同部位岩性略有变化，不同地区的岩性也有差异。在沾化凹陷南部缓坡带主要发育砾屑灰岩，北部陡坡带发育砂砾岩，中部主要发育盐岩石膏。东营凹陷在沙四下亚段沉积时期，湖盆处于裂陷拉张期，为盐湖或咸水湖，边缘分布了大面积的河流—冲积扇沉积体系。东营凹陷的北部灰色泥岩和砂砾岩较为发育，南部斜坡地区发育碳酸盐岩，中部为灰色、深灰色和灰黑色泥岩，夹灰岩和白云岩薄互层。

沙四上亚段（Es_4^s）南部缓坡带湖盆边缘发育三角洲、滩坝，北部的陡坡带湖盆边缘发育有三角洲、近岸水下扇。下部岩性以灰色、蓝灰、灰绿色泥岩与浅灰色云质含砾砂岩、灰质砂岩互层为主。上部岩性为灰褐色、深灰色泥岩、油泥岩、灰岩和泥质灰岩，夹生物灰岩、白云岩及石膏夹层。该期东营凹陷湖盆开始扩张，盆内湖水仅局限于中心部位，沉积了一定厚度的盐岩石膏层。

2.2.2　沙三段

沙三段（Es_3）形成于始新世中晚期，在沙四段浅湖沉积的背景下快速沉积形成湖盆，厚度一般为 700～1000m，中部最厚可达 1200m。岩性主要以湖相沉积的灰色及深灰色泥岩夹砂岩、油泥岩和碳质泥岩。沙三段产有腹足、藻类、轮藻、介形、孢粉、鱼类和植物 7 个门类的化石，除植物外其他门类的属种和数量都比较丰富，特征明显且稳定。根据岩性组合和古生物特征可分为以下 3 个亚段。

沙三下亚段（Es_3^x）气候由干热向温湿转变，雨量充沛，湖泊面积扩大，水体深度达到最大，半深湖-深湖沉积最为发育。岩性以深灰色泥岩、油泥岩和黄褐色油泥岩为主，夹少量灰岩、白云岩及若干滑塌重力流成因的不等粒砾状砂岩。油泥岩页理发育，质纯、易燃、沉积分布广泛，是最有利的优质油源岩。该套地层沉积厚度变化大，中心厚度大，在陡坡洼陷带呈楔状加厚趋势，向凹陷边缘逐渐变薄或缺失。

沙三中亚段（Es_3^z）构造活动强烈，沉降速率加大，地层厚度明显加大。岩性以深灰、褐灰色泥岩、油泥岩为主，夹有多组浊积砂岩或薄层碳酸盐岩。泥岩质纯细腻，具微细水平层理，有机质丰富，含 FeS 及菱铁矿，是本区主要的生油层。该套地层分布较为稳定，厚度一般为 200～400m，深处可达 600～700m，向边缘减薄。

沙三上亚段（Es_3^s）岩性为绿色、深灰色泥岩、油泥岩与粉砂岩互层，夹钙质砂岩、含砾砂岩。油泥岩及薄层碳酸盐岩，厚度达 0～500m。砂砾岩以反旋回为主，砂泥岩顶部常为钙质砂岩、鲕状灰岩或含砾砂岩。

2.2.3　沙二段

沙二段（Es_2）形成于始新世晚期、渐新世早期，以河流和沼泽相沉积为主，地层厚度分布均匀，没有明显的沉降中心存在，化石组合为椭圆拱星介和伸长似轮藻。根据岩性组合与生物特征，分为以下 2 个亚段。

沙二下亚段（Es_2^x）岩性为灰绿色、灰色泥岩与砂岩、含砾砂岩互层，夹碳质泥岩。该段分布稳定，厚度介于 0～200m，出现在各凹陷中部，向边缘和凸起逐渐减薄。

沙二上亚段（Es_2^s）和下亚段呈不整合接触，形成了浅-半深湖沉积。岩性为灰绿色、紫红色泥岩与灰色砂岩互层，夹钙质砂岩、含鲕砂岩及含砾砂岩。该套地层分布范围较小，厚度为 0～200m。沾化、车镇凹陷厚度可大于 200m，在本段顶部夹薄层白云岩、生物灰岩或云质灰岩。

2.2.4　沙一段

沙一段（Es_1）以湖泊相沉积为主，与沙二段为连续沉积，是沙二段末期沉积间断剥蚀后再度沉降的大面积超覆沉积的产物，该层段分布稳定，是区域对比的标准层段之一。岩性以灰色、深灰色泥岩和油泥岩为主，夹砂质灰岩、针孔状藻白云岩和钙质砂岩，化石组合为惠民小豆介（phacoypris huiminesis）和蒲球藻（tenua），主要为济阳坳陷区域性盖层。

2.3　地球化学特征

参照北美地区页岩油气商业开发区的各项地球化学参数，对比渤海湾盆地沙河街组沙四上亚段—沙三下亚段页岩油储层，认为沙四上亚段—沙三下亚段页岩油储层的有机质丰度高、类型好、成熟度（R_o）中等、分布范围广，具备形成页岩油的物质基础。

总有机碳（TOC）含量是衡量岩石有机质丰度的重要指标，有经济开采价值的页岩油远景区的 TOC 含量一般大于 2.0%。同时，页岩油储层中油气含量与 TOC 含量呈正比，较高 TOC 含量的页岩油层段通常具有较高的油气资源。渤海湾盆地沙河街组沙四上亚段和沙三下亚段的 TOC 含量主要为 2%～5%，具有较高的有机质丰度。

根据全岩光片和干酪根有机显微组分鉴定资料分析，沙四上亚段和沙三下亚段的有机质主要来源于低等水生生物，以藻类体为主，包括颗石藻、层状藻及渤海藻等。有机显微组分以腐泥质为主，一般大于 90%，其次为镜质组、壳质组和惰性组，有机质类型以Ⅰ型和Ⅱ₁型为主，即腐泥型（Ⅰ）和腐殖腐泥型（Ⅱ₁）干酪根。

不同类型、不同演化阶段的有机质生成的油气量具有较大的差异，R_o 是确定有机质生油、生气或向烃类转化程度的关键指标。通常 $R_o \geqslant 1.0\%$ 为生油高峰期，$R_o \geqslant 1.3\%$ 为生气高峰期。我国中、新生界陆相页岩油储层的 R_o 普遍偏低，R_o 为 0.8%～1.2%是成熟-高成熟的生油阶段（邹才能等，2011a）。

罗 69 井沙四上亚段（Es_4^s）的 R_o 为 0.5%～1.44%，主体处于成熟演化阶段；沙三下亚段（Es_3^x）页岩油储层的 R_o 为 0.52%～0.92%，主要处于成熟演化阶段。樊页 1 井、牛页 1 井和利页 1 井沙四上亚段（Es_4^s）页岩油储层的 R_o 为 0.5%～1.44%，部分样品已进入高成熟演化阶段；沙三下亚段（Es_3^x）的 R_o 为 0.35%～0.87%，主要处于成熟演化阶段。

第3章 页岩油储层岩石学

岩石学特征及岩性组合分析是开展页岩油储层储集特征研究的基础，本书将济阳坳陷的 4 口页岩油密闭取心井作为研究对象，进行了岩心描述、薄片鉴定和扫描电子显微镜观察，结合全岩 X 射线衍射分析结果，详细分析了研究区沙四上亚段—沙三下亚段页岩油储层的岩石学和岩性组合特征。

3.1 储层矿物学特征

页岩油储层的矿物颗粒粒径多小于 62.5μm，属于细粒沉积物范畴。储层矿物成分构成复杂，主要以泥质(含粉砂)矿物和碳酸盐矿物为主，含少量黄铁矿。泥质矿物包括黏土矿物和陆源碎屑，陆源碎屑包括石英、斜长石和钾长石等。碳酸盐矿物主要为方解石、白云石及微量的菱铁矿。

通过对沙四上亚段—沙三下亚段细粒沉积岩矿物的成分统计，不同取心井沙四上亚段—沙三下亚段的矿物含量存在差异(表 3.1)。罗 69 井页岩油储层碳酸盐矿物含量高，占矿物总量的平均值为 58.2%，主要成分为方解石。樊页 1 井和牛页 1 井页岩油储层泥质(含粉砂)含量的平均值分别为 48.0%和 48.7%，碳酸盐矿物含量的平均值分别为49.3%和47.9%，以方解石为主。利页 1 井的泥质(含粉砂)含量平均值占总矿物含量平均值的 59.2%，碳酸盐矿物含量平均值占总矿物含量平均值的 38.7%。

表 3.1 济阳坳陷沙河街组取心段矿物成分统计表

井号	数值	泥质(含粉砂)/%					碳酸盐矿物/%				其他/%	个数/个
		黏土	石英	钾长石	斜长石	总量	方解石	白云石	菱铁矿	总量	黄铁矿	
罗 69 井	范围	1～48	3～48	0～2	0～12	4～80	0～91	0～78	0～5	12～95	0～16	435
	平均	18.6	18.0	0.3	1.1	38.0	52.0	6.0	0.2	58.2	3.8	
樊页 1 井	范围	1～70	0～62	0～5	0～35	2～96	0～91	0～95	0～17	3～98	0～48	1518
	平均	20.3	23.8	0.0	3.9	48.0	38.2	10.5	0.6	49.3	2.7	
牛页 1 井	范围	2～59	0～54	0～4	0～22	3～92	0～80	0～97	0～3	3～97	0～23	672
	平均	22.1	22.2	0.1	4.3	48.7	35.7	11.6	0.6	47.9	3.4	
利页 1 井	范围	2～61	1～68	0～4	0～18	3～92	0～97	0～89	0～11	3～97	0～14	814
	平均	29.2	25.5	0.0	4.5	59.2	30.3	7.9	0.5	38.7	2.2	

　　根据沙四上亚段—沙三下亚段矿物含量分段统计(表 3.2,图 3.1),沙四上亚段碳酸盐矿物含量和白云石含量均高于沙三下亚段,泥质(含粉砂)含量低于沙三下亚段。罗 69 井页岩油储层具有高碳酸盐矿物的特点,利页 1 井页岩油储层的具有高泥质(含粉砂)的特点,樊页 1 井和牛页 1 井碳酸盐矿物含量和泥质(含粉砂)含量均在 50%左右。

表 3.2　济阳拗陷沙四上亚段—沙三下亚段矿物含量平均值统计表

井号	层位	泥质(含粉砂)/%					碳酸盐矿物/%				其他/%	个数/个
		黏土	石英	钾长石	斜长石	总量	方解石	白云石	菱铁矿	总量	黄铁矿	
罗 69 井	Es_3^x	19.0	18.1	0.3	1.1	38.5	51.9	5.5	0.2	57.6	3.9	416
	Es_4^s	10.4	16.8	0.0	0.0	27.2	54.2	16.0	0.0	70.2	2.6	19
樊页 1 井	Es_3^x	24.3	23.3	0.0	3.1	50.7	38.0	7.4	0.9	46.3	2.8	773
	Es_4^s	16.2	24.3	0.0	4.8	45.3	38.3	13.6	0.3	52.2	2.5	745
牛页 1 井	Es_3^x	22.1	25.1	0.0	3.1	50.4	41.8	4.4	0.7	46.9	2.7	91
	Es_4^s	23.2	20.7	0.0	5.4	49.3	32.6	14.5	0.5	47.7	3.0	581
利页 1 井	Es_3^x	34.4	24.2	0.0	4.6	63.2	26.9	6.4	0.6	33.9	3.0	422
	Es_4^s	23.5	27.0	0.0	4.4	54.8	33.9	9.6	0.2	43.6	1.4	392

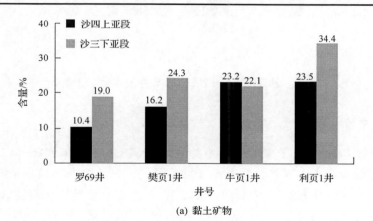

(a) 黏土矿物

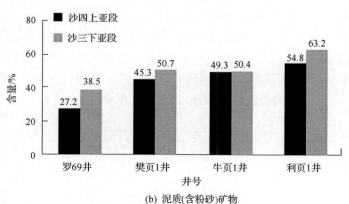

(b) 泥质(含粉砂)矿物

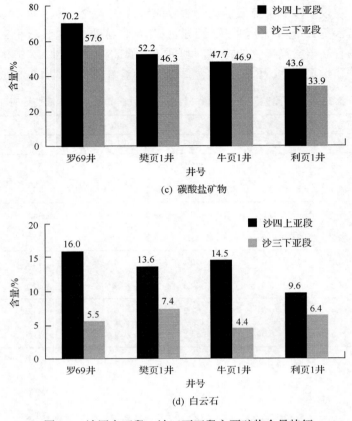

(c) 碳酸盐矿物

(d) 白云石

图 3.1　沙四上亚段—沙三下亚段主要矿物含量特征

3.1.1　碳酸盐矿物

取心段岩石中的碳酸盐矿物以方解石为主，占矿物总量的26.9%~54.2%。薄片观察方解石以隐晶结构为主，其次为显微晶和微晶结构，常构成灰质纹层或与泥质矿物混相产出，局部见微细晶方解石纹层[图 3.2(a)]。粒晶形态包括粒状和柱状[图 3.2(b)，图 3.2(c)]。显晶方解石是细小方解石晶粒重结晶作用的结果，所以，粒状方解石中粒度越粗表明重结晶作用越强(王冠民等，2005)。

在深埋藏条件下，白云岩化作用过程中形成大量的白云石，扫描电子显微镜下观察沙四上亚段云岩薄互层见大量晶粒状白云石，自形程度较高，大多呈菱面体结构[图 3.2(d)，图 3.2(e)]。偏光显微镜下见碳酸盐矿物重结晶、柱状方解石脉充填，扫描电子显微镜下观察到泥质颗粒之间的碳酸盐胶结作用现象[图 3.2(f)~图 3.2(i)]。

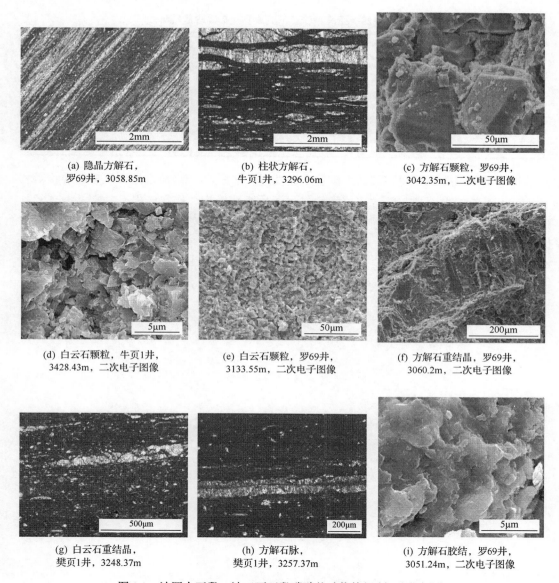

(a) 隐晶方解石，
罗69井，3058.85m

(b) 柱状方解石，
牛页1井，3296.06m

(c) 方解石颗粒，罗69井，
3042.35m，二次电子图像

(d) 白云石颗粒，牛页1井，
3428.43m，二次电子图像

(e) 白云石颗粒，罗69井，
3133.55m，二次电子图像

(f) 方解石重结晶，罗69井，
3060.2m，二次电子图像

(g) 白云石重结晶，
樊页1井，3248.37m

(h) 方解石脉，
樊页1井，3257.37m

(i) 方解石胶结，罗69井，
3051.24m，二次电子图像

图 3.2　沙四上亚段—沙三下亚段碳酸盐矿物特征(文后附彩图)

3.1.2　黏土矿物

通过全岩 X 射线衍射分析结果可见，罗 69 井页岩油储层中黏土矿物以伊/蒙混层为主，其次为伊利石，分别占总黏土矿物含量的 61.36%和 29.68%。樊页 1 井、牛页 1 井和利页 1 井的黏土矿物以伊利石为主，其次为伊/蒙混层，伊利石含量分别占总黏土矿物的 89.44%、83.46%和 78.15%，高岭石及绿泥石含量均较低(表 3.3)。

表 3.3　沙四上亚段—沙三下亚段黏土矿物含量统计表

井号	伊/蒙混层/%	伊利石/%	高岭石/%	绿泥石/%	伊/蒙混层比/%	样品数/个
罗 69 井	61.36	29.68	6.14	2.82	20	435
樊页 1 井	9.34	89.44	0.8	1.26	13.8	205
牛页 1 井	15.43	83.46	0.48	0.63	20	48
利页 1 井	19.31	78.15	1.56	0.98	20	111

　　扫描电子显微镜下观察到黏土矿物定向性强，常见片状伊/蒙混层，偶见丝缕状伊利石，黏土矿物绝大部分与陆源碎屑混合，呈泥质鳞片结构、层状产出，并常常混含隐晶碳酸盐矿物，少见单一成分的黏土矿物(图 3.3)。董春梅等(2015b)通过热模拟实验发现，随着有机质演化程度的增加，富有机质页岩油储层中伊/蒙混层向伊利石转化程度增加，黏土矿物形态变化明显，变化趋势为片状到片状/短丝状，再到丝片状，最后完全转化为絮状。研究区页岩油储层中黏土矿物的形态主要受有机质演化程度的控制。

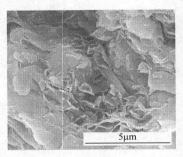

(a) 片状伊/蒙混层，罗69井，
2943.2m，二次电子图像

(b) 片状伊/蒙混层，牛页1井，
3378.09m，二次电子图像

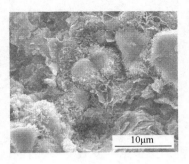

(c) 丝缕状伊利石，樊页1井，
3348.69m，二次电子图像

图 3.3　沙四上亚段—沙三下亚段黏土矿物特征

3.1.3　陆源碎屑

　　陆源碎屑主要为母岩区风化产物经流水搬运并沉积形成，含量变化反映陆源物质输入的强弱（郝运轻等，2016）。研究区碎屑矿物主要为石英与长石，石英平均含量为 18%～25.5%，长石含量均不超过 4.5%，总体含量较少，表明沙四上亚段—沙三下亚段沉积时期陆源输入较弱。扫描电子显微镜下观察陆源碎屑粒径大多小于 62.5μm，常分散于泥质中。同时，溶蚀孔中常见热液作用后的特征产物——自生石英（图 3.4）。

(a) 自生石英，利页1井，　　　　　　　(b) 自生石英，罗69井，
3663.85m，二次电子图像　　　　　　2940.09m，二次电子图像

(c) 自生钠长石，樊页1井，
3030.3m，二次电子图像

图 3.4　沙四上亚段—沙三下亚段自生石英和长石特征

3.1.4　其他矿物

　　研究区黄铁矿含量在 3% 左右，扫描电子显微镜下黄铁矿霉球状集合体分散产出或充填于生物介壳内，自形晶完好，呈立方体、八面体和五角十二面体，发育纳米级—微米级黄铁矿晶间孔[图 3.5(a)～图 3.5(d)]。黄铁矿沉积中往往存在同生和成岩两种成因组分，是富有机质沉积的特征产物（刘春莲等，2006）。此外，薄片观察还可见钙质生物碎屑，在块状构造的岩石里常见介形虫[图 3.5(e)，图 3.5(f)]。

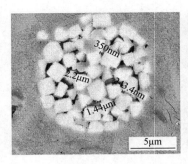

(a) 霉球状黄铁矿，牛页1井，
3302.9m，背散射电子图像

(b) 黄铁矿呈八面体，罗69井，
3098.15m，背散射电子图像

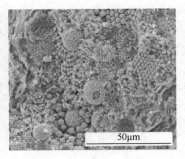

(c) 黄铁矿成群发育，利页1井，
3587.18m，二次电子图像

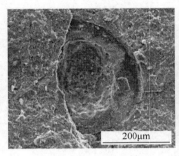

(d) 球粒状黄铁矿及生物印模，
罗69井，2978.9m，二次电子图像

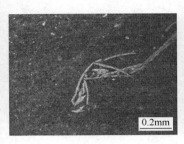

(e) 生物体腔孔，樊页1井，3236.21m

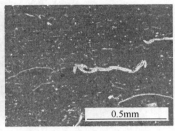

(f) 介形虫，罗69井，3015.55m

图 3.5   沙四上亚段—沙三下亚段黄铁矿和生物碎屑特征（文后附彩图）

3.2   细粒沉积岩分类方案

一般采用三端元法对沉积岩进行分类，陆源碎屑岩砂岩以石英、长石和岩屑（包括绿泥石和云母）作为三个端元的相对含量三角图法进行命名和区分，其中以含量大于50%的组分作为基本名称，含量为25%～50%和10%～25%的组分分别冠以"××质"和"含××"作为前缀（刘宝珺，1980；曾云孚和复文杰，1986）。在碳酸盐岩类命名中，一般以黏土、石灰石和白云石作为三个端元的相对含量三角图法进行命名和区分。这些分类方法对于粒径小于62μm的细粒沉积岩并不适用。美国页岩油储层岩石类型总体可分为砂岩或粉砂岩、泥岩和碳酸盐岩。例如，Barnett 页岩油储层的岩石类型为硅质泥岩、黏土质灰岩和泥质粒屑灰岩 3 类；Bakken 页岩油储层的岩石类型为粉砂岩、砂岩、灰岩和黑色泥岩 4 类；Eagle Ford 页岩油储层岩石类型为钙质泥岩，上、下段的岩性区别在于钙质含量的高低（边瑞康等，2014；刘文卿等，2016）。美国海相页岩油储层与渤海湾盆地沙河街组陆相页岩油储层的矿物类型差异较大，其细粒沉积岩分类方案也不适用。

页岩油储层的孔隙孔径范围在微纳米级，适合室内鉴定及储集空间观察的细粒沉积岩命名方案应以能够区分矿物成分特征作为首要前提，才能便于对矿物颗粒及孔隙特征进一步观察及定性描述。同时，参与定名的成分通过实验手段准确定量化，才能保证定名的准确性。研究区沙四上亚段—沙三下亚段的细粒沉积岩矿物组分主要包括泥质和碳酸盐矿物，两者含量均在 50%左右。泥质矿物既包括高岭石、蒙脱石、伊利石等黏土矿物，也包括粒径小于 62.5μm 的石英、长石等陆源碎屑，在扫描电子显微镜下观察到陆源碎屑与黏土矿物混相产出，肉眼难以区分。碳酸盐矿物主要为方解石和白云石，方解石含量达 30%～50%，岩心观察、薄片鉴定和扫描电子显微镜观察均可见方解石条带，另外发育白云岩薄层。据统计，济阳坳陷 62.6%的碳酸盐岩夹层型页岩油分布在白云岩储层，扫描电子显微镜下观察到灰岩及白云岩储层在微观孔隙类型、孔隙结构和孔隙孔径大小方面均具有较大差别(宁方兴，2014，2015)。因此，需要一个适用于研究区岩石矿物特征分析的细粒沉积岩综合分类方案，为储层特征的定性描述和定量表征提供基础。

需要注意的是，姜在兴等(2013)、张顺等(2016)、陈世悦等(2016)针对泥页岩层系细粒沉积岩的岩石学分类中，将 TOC 含量为 2%和 4%作为低、中、高有机质的划分界限，加入岩石学分类方案的划分依据中，依此考虑有机质在泥页岩沉积、成岩及储层形成中的重要作用。渤海湾盆地沙河街组页岩油储层 TOC 含量普遍高于 2%，本书的细粒沉积岩分类方案只考虑基质矿物及其含量，有机质含量可以不参与。

在三端元岩石学分类的基础上，充分考量研究区湖相沉积条件下细粒沉积岩的矿物组分、颗粒粒度和微观结构特征，参照岩心观察、薄片鉴定和 X 射线衍射分析结果，建立以泥质、方解石、白云石作为三端元的相对百分含量细粒沉积岩三角图分类方案，对研究区的岩石类型进行分类与定名(图 3.6)。

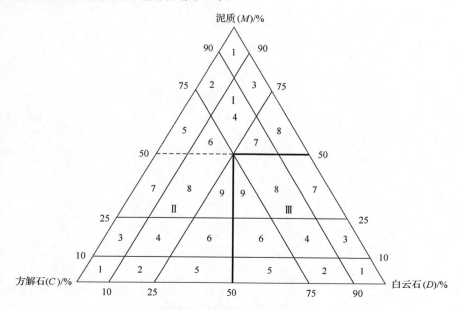

图 3.6　细粒沉积岩矿物组分三角图分类方案

其中三个端元所代表的矿物组分为：①泥质（M）端元。泥质颗粒包括黏土矿物、粒径小于 62.5μm（含粉砂级）的石英、长石等陆源碎屑；②方解石（C）端元。包括方解石、铁方解石及含铁方解石；③白云石（D）端元。包括白云石、铁白云石及含铁白云石。

三大类岩石的详细分类参照传统命名方式，结合组分含量（10%、25%和 50%）进行划分，可将研究区岩石划分为三大岩类共计 26 种类型（表 3.4），具体划分原则如下。

（1）依据泥质岩定义，当 M 端元含量＞50%时，划归为泥岩类（Ⅰ），采用主定名为泥岩。

表 3.4　细粒沉积岩矿物组分分类方案

岩石类型	端元组分/%		
	M	C	D
泥岩（Ⅰ₁）	$M>50$	$C<10$	$D<10$
含灰泥岩（Ⅰ₂）		$10\leqslant C<25$	$D<10$
含云泥岩（Ⅰ₃）		$C<10$	$10\leqslant D<25$
含灰含云泥岩（Ⅰ₄）		$10\leqslant C<25$	$10\leqslant D<25$
灰质泥岩（Ⅰ₅）		$25\leqslant C<50$	$D<10$
含云灰质泥岩（Ⅰ₆）		$25\leqslant C<50$	$10\leqslant D<25$
含灰云质泥岩（Ⅰ₇）		$10\leqslant C<25$	$25\leqslant D<50$
云质泥岩（Ⅰ₈）		$C<10$	$25\leqslant D<50$
灰岩（Ⅱ₁）	$M<10$	$C>50$	$D<10$
含云灰岩（Ⅱ₂）	$M<10$		$10\leqslant D<25$
含泥灰岩（Ⅱ₃）	$10\leqslant M<25$		$D<10$
含泥含云灰岩（Ⅱ₄）	$10\leqslant M<25$		$10\leqslant D<25$
云质灰岩（Ⅱ₅）	$M<10$		$25\leqslant D<50$
含泥云质灰岩（Ⅱ₆）	$10\leqslant M<25$		$25\leqslant D<50$
泥质灰岩（Ⅱ₇）	$25\leqslant M<50$	$C>D$	$D<10$
含云泥质灰岩（Ⅱ₈）	$25\leqslant M<50$		$10\leqslant D<25$
泥质云质灰岩（Ⅱ₉）	$25\leqslant M<50$		$25\leqslant D<50$
白云岩（Ⅲ₁）	$M<10$	$C<10$	$D>50$
含灰云岩（Ⅲ₂）	$M<10$	$10\leqslant C<25$	
含泥云岩（Ⅲ₃）	$10\leqslant M<25$	$C<10$	
含泥含灰云岩（Ⅲ₄）	$10\leqslant M<25$	$10\leqslant C<25$	
灰质云岩（Ⅲ₅）	$M<10$	$25\leqslant C<50$	
含泥灰质云岩（Ⅲ₆）	$10\leqslant M<25$	$25\leqslant C<50$	
泥质云岩（Ⅲ₇）	$25\leqslant M<50$	$C<10$	$C\leqslant D$
含灰泥质云岩（Ⅲ₈）	$25\leqslant M<50$	$10\leqslant C<25$	
泥质灰质云岩（Ⅲ₉）	$25\leqslant M<50$	$25\leqslant C<50$	

（2）当 M 端元含量≤50%，且 C 端元含量＞D 端元含量时，划归为灰岩类（Ⅱ），采用主定名为灰岩。

（3）当 M 端元含量≤50%，且 C 端元含量＜D 端元含量时，划归为白云岩类（Ⅲ），采用主定名为云岩。

（4）在确定岩石主定名的前提下，当某种端元含量为 25%～50% 时，作为岩石副名，以"××质"表示；当某种端元含量为 10%～25% 时，在基本名称前冠以"含××"；当某种端元含量＜10% 时，不参与定名。

这种分类方案适用于渤海湾盆地沙河街组页岩油储层薄片鉴定和全岩 X 射线衍射资料的岩石类型分析，副名的端元含量命名标准与传统分类基本一致，符合石油行业应用习惯，具有传承性，在实际工作中易于操作。

3.3　储层岩性特征

根据细粒沉积岩矿物组分三角图分类方案，结合 X 射线衍射及薄片鉴定分析结果对研究区储层岩石类型进行划分，济阳拗陷沙四上亚段—沙三下亚段的主要岩性包括灰质泥岩、泥质灰岩、含泥灰岩、含灰泥岩和泥质云岩 5 种。

3.3.1　单井岩石类型

1. 罗 69 井

罗 69 井沙四上亚段—沙三下亚段方解石平均含量为 52%，泥质平均含量为 38%。采用细粒沉积岩矿物组分三角图分类方案对罗 69 井 863 个薄片鉴定和 435 个 X 射线衍射数据进行投点，发现沙四上亚段—沙三下亚段页岩油储层以灰岩类岩石居多，其次为泥岩类，主要岩性为泥质灰岩、灰质泥岩、含泥灰岩和灰岩（图 3.7）。根据薄片数据统计，

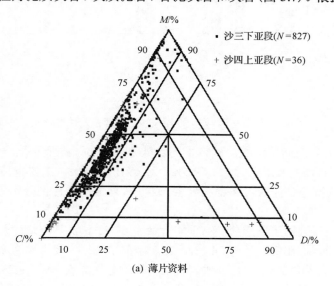

(a) 薄片资料

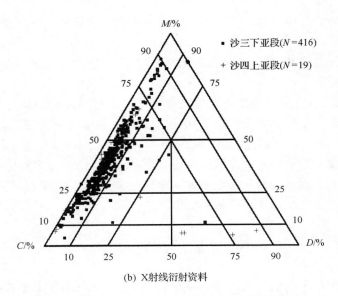

(b) X射线衍射资料

图3.7　罗69井沙四上亚段—沙三下亚段岩性投点图

泥质灰岩、灰质泥岩、含泥灰岩和灰岩分别占样品数的70.8%、34.2%、25.3%和28.7%。通过对X射线衍射数据分析这4种岩性占样品数的比例分别为76.5%、30.7%、28.8%和21.5%，薄片数据与X射线衍射数据分析结果较一致(图3.8)。

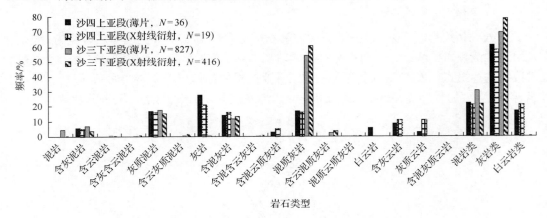

图3.8　罗69井沙四上亚段—沙三下亚段岩性统计图

　　沙四上亚段页岩油储层碳酸盐矿物平均含量为70.2%，泥质平均含量为27.2%。灰岩类、泥岩类和白云岩类比例大致为59.5%、21.6%和18.9%。主要岩性为灰岩、灰质泥岩和泥质灰岩，其次为含泥灰岩和含灰云岩，这5种岩性所占比例分别为24.4%、16.2%、16.2%、14.8%和9.4%。

　　沙三下亚段页岩油储层碳酸盐矿物平均含量为57.7%，泥质平均含量为38.5%。灰岩类、泥岩类和白云岩类比例大致为74.1%、25.7%和0.2%。主要岩性为泥质灰岩、灰质泥岩和含泥灰岩，其次为含灰泥岩，这4种岩性所占比例分别为57.4%、16.2%、12.2%和4.9%。

　　沙四上亚段—沙三下亚段，黏土矿物含量升高了8.6%，白云石含量降低了10.5%，方解石含量变化不大，因此，泥质灰岩所占比例升高了 41.2%，未见灰岩条带和云岩类样品。

2. 樊页 1 井

樊页 1 井沙四上亚段—沙三下亚段方解石平均含量为 38.2%，泥质平均含量为 48%。采用细粒沉积岩矿物组分三角图分类方案对樊页 1 井 1510 个薄片鉴定和 1518 个 X 射线衍射数据进行投点，发现沙四上亚段—沙三下亚段页岩油储层以灰岩类和泥岩类为主，主要岩性为泥质灰岩、灰质泥岩、泥岩和含灰泥岩(图 3.9)。根据薄片数据统计，泥质灰岩、灰质泥岩、泥岩和含灰泥岩分别占样品数的 24.3%、20.6%、10.1% 和 11.3%。X 射线衍射数据分析这 4 种岩性占样品数的比例分别为 31.6%、25.3%、5.2% 和 6.3%，薄片数据与 X 射线衍射数据分析结果较一致(图 3.10)。

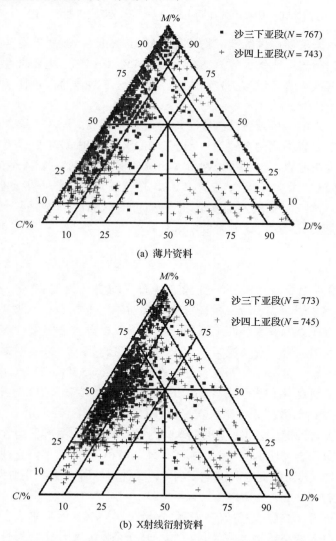

(a) 薄片资料

(b) X射线衍射资料

图 3.9   樊页 1 井沙四上亚段—沙三下亚段岩性投点图

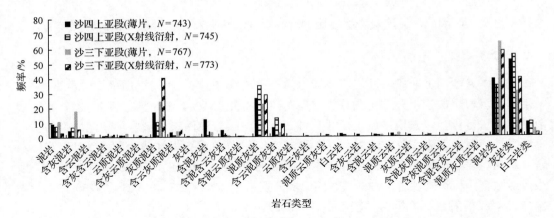

图 3.10　樊页 1 井沙四上亚段—沙三下亚段岩性统计图

　　沙四上亚段页岩油储层碳酸盐矿物平均含量为 46.8%，泥质平均含量为 41.1%。灰岩类、泥岩类和白云岩类比例大致为 53.6%、36.7%和 9.7%。主要岩性为泥质灰岩、灰质泥岩和泥岩，其次为含云泥质灰岩和含灰泥岩，这 5 种岩性所占比例分别为 30.5%、13.6%、8.3%、9.5%和 5.7%。

　　沙三下亚段页岩油储层碳酸盐矿物平均含量为 46.3%，泥质平均含量为 38.0%，灰岩类、泥岩类和白云岩类比例大致为 35.1%、61.1%和 3.8%。主要岩性为灰质泥岩和泥质灰岩，其次为含灰泥岩，这 3 种岩性所占比例分别为 32.3%、25.4%和 11.9%。沙四上亚段—沙三下亚段黏土矿物含量升高了 8.1%，白云石含量降低了 6.2%，方解石含量升高了 5%，因此，沙三下亚段灰质泥岩和含灰泥岩所占比例较沙四上亚段分别升高了 18.7%和 6.2%，泥质灰岩所占比例降低了 5.1%。

3. 牛页 1 井

　　牛页 1 井沙四上亚段—沙三下亚段方解石平均含量为 35.7%，泥质平均含量为 48.7%。采用细粒沉积岩矿物组分三角图分类方案对牛页 1 井 660 个薄片鉴定和 672 个 X 射线衍射数据进行投点，发现沙四上亚段—沙三下亚段页岩油储层以灰岩类和泥岩类为主，主要岩性为泥质灰岩、灰质泥岩、含灰泥岩和泥岩(图 3.11)。根据薄片数据统计，泥质灰岩、灰质泥岩、含灰泥岩和泥岩分别占样品数的 35.3%、27.0%、10.6%和 8.3%。X 射线衍射数据分析这 4 种岩性占样品数的比例分别为 42.7%、23.5%、6.7%和 6.8%，薄片数据与 X 射线衍射数据分析结果较一致(图 3.12)。

　　沙四上亚段页岩油储层碳酸盐矿物平均含量为 48.1%，泥质平均含量为 48.5%。灰岩类、泥岩类和白云岩类比例大致为 49.6%、43.7%和 6.7%。主要岩性为泥质灰岩、灰质泥岩和含灰泥岩，其次为泥岩和泥质云岩，这 5 种岩性所占比例分别为 34.3%、17.2%、9.1%、7.9%和 2.7%。

　　沙三下亚段页岩油储层碳酸盐矿物平均含量为 46.9%，泥质平均含量为 50.4%。灰岩类、泥岩类和白云岩类比例大致为 47.6%、51.9%和 0.5%。主要岩性为泥质灰岩和灰质泥岩，其次为含灰泥岩和泥岩，这 4 种岩性所占比例分别为 43.7%、33.3%、8.2%和

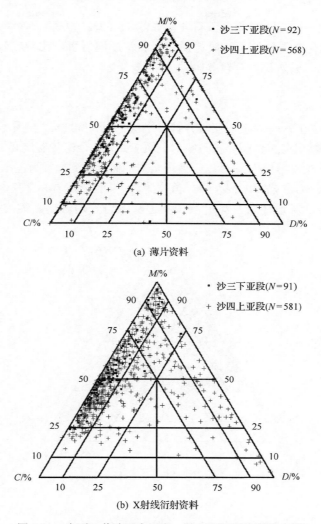

(a) 薄片资料

(b) X射线衍射资料

图 3.11　牛页 1 井沙四上亚段—沙三下亚段岩性投点图

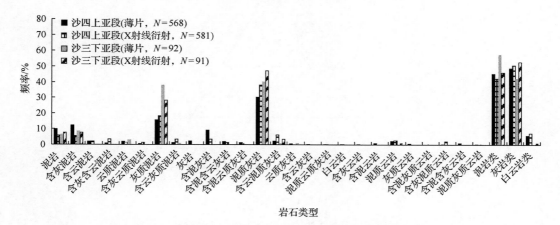

图 3.12　牛页 1 井沙四上亚段—沙三下亚段岩性统计图

7.1%。沙四上亚段—沙三下亚段白云石含量降低了 8.2%，方解石含量升高了 6.9%，其他矿物成分含量变化小，沙三下亚段泥质灰岩和灰质泥岩所占比例较沙四上亚段分别升高了 9.4%和 16.1%，云岩类发育较差。

4. 利页 1 井

利页 1 井沙四上亚段—沙三下亚段方解石平均含量为 30.3%，泥质平均含量为 59.2%。采用细粒沉积岩矿物组分三角图分类方案对利页 1 井 814 个薄片鉴定和 814 个 X 射线衍射数据进行投点，发现沙四上亚段—沙三下亚段页岩油储层以泥岩类为主，其次为灰岩类，主要岩性为灰质泥岩、泥质灰岩和含灰泥岩，其次为泥岩、含云泥岩和含灰含云泥岩(图 3.13)。根据薄片数据统计，灰质泥岩、泥质灰岩和含灰泥岩分别占样品数的 26.7%、13.6%和

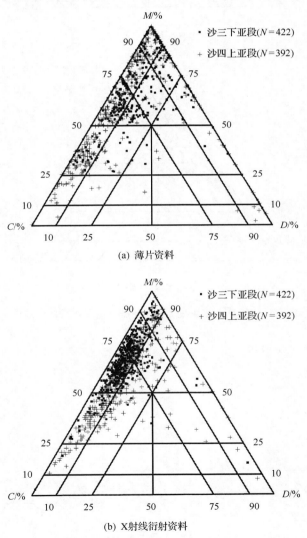

图 3.13　利页 1 井沙四上亚段—沙三下亚段岩性投点图

12.2%。X 射线衍射数据分析这 3 种岩性占样品数的比例分别为 36.3%、13.7%和 20.8%，两套数据对灰质泥岩及含灰泥岩的分析结果略有差异，X 射线衍射对方解石含量定量更为准确，认为 X 射线衍射数据分析结果更加真实可靠(图 3.14)。

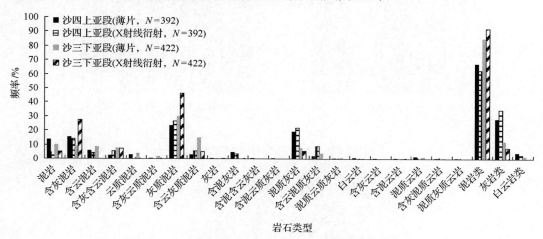

图 3.14　利页 1 井沙四上亚段—沙三下亚段岩性统计图

沙四上亚段页岩油储层泥质平均含量为 54.8%，碳酸盐矿物平均含量为 43.6%。泥岩类、灰岩类和白云岩类比例大致为 65.2%、31.4%和 3.4%。主要岩性为灰质泥岩、泥质灰岩和含灰泥岩，这 3 种岩性所占比例分别为 25%、20.7%和 14.9%。

沙三下亚段页岩油储层泥质平均含量为 63.2%，碳酸盐矿物平均含量为 33.3%。泥岩类、灰岩类和白云岩类所占比例大致为 88.8%、10.1%和 1.1%。主要岩性为灰质泥岩和含灰泥岩，其次为泥质灰岩，这 3 种岩性所占比例分别为 37.9%、18%和 6.6%。沙四上亚段—沙三下亚段黏土矿物含量升高了 10.9%，方解石和白云石含量分别降低了 7.0%和 3.2%，因此，沙三下亚段灰质泥岩所占比例较沙四上亚段升高了 12.9%。

3.3.2　主要岩性特征

渤海湾盆地沙河街组沙四上亚段—沙三下亚段的主要岩性为灰质泥岩和泥质灰岩，其次为含灰泥岩和含泥灰岩，其间夹云岩薄夹层，云岩类的主要岩性为泥质云岩。

1. 灰质泥岩

根据细粒沉积岩矿物组分三角图分类方案，灰质泥岩是指泥质含量大于 50%，方解石含量为 25%～50%，白云石含量小于 10%的岩石类型。

岩心和薄片观察可见块状灰质泥岩和纹层状灰质泥岩。灰质泥岩岩心颜色为深灰色-灰黑色，块状灰质泥岩岩心无纹层结构[图 3.15(a)]。层状灰质泥岩有机质含量较高，暗色矿物含量大于方解石含量，岩心层理不明显。镜下可见较好的成层性，泥质与隐晶方解石较均匀相混，见粉砂及碳屑，局部介形虫碎片富集[图 3.15(b)]。扫描电子显微镜下观察灰质泥岩样品，可见泥质主要为黏土矿物及陆源碎屑等，泥质片理具有明显的层理特征，微裂缝及微观孔隙多沿层理方向延伸[图 3.15(c)]。

(a) 块状灰质泥岩，罗69井，3100.4m

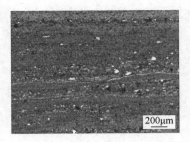

(b) 纹层状灰质泥岩，罗69井，2918.94m

(c) 层状灰质泥岩，利页1井，3610.64m，
二次电子图像

图 3.15　沙四上亚段—沙三下亚段灰质泥岩特征(文后附彩图)

2. 含灰泥岩

根据细粒沉积岩矿物组分三角图分类方案，含灰质泥岩是指泥质含量大于 50%，方解石含量为 10%～25%，白云石含量小于 10%的岩石类型。

岩心和薄片观察可见层状含灰泥岩和块状含灰泥岩，岩心颜色为深灰色-灰黑色。薄片下可见纹层模糊，连续性差，隐晶碳酸盐与黏土相混，基本不分离。有时可见少量隐晶碳酸盐岩以断续透镜体形式出现[图 3.16(a)，图 3.16(b)]。通过扫描电子显微镜观察，可见岩石中的泥质主要为泥质碎片及黏土矿物，泥质层理特征明显，视域中偶见霉球状黄铁矿[图 3.16(c)]。

3. 泥质灰岩

根据细粒沉积岩矿物组分三角图分类方案，泥质灰岩是指泥质含量为 25%～50%，方解石含量大于白云石含量，白云石含量小于 10%的岩石类型。

岩心和薄片观察可见层状泥质灰岩和纹层状泥质灰岩。层状泥质灰岩岩心颜色为深灰色-灰黑色，纹层状泥质灰岩岩心颜色为灰色-深灰色[图 3.17(a)]。岩心观察可见柱状方解石脉及透镜体，薄片下可见微晶方解石纹层与泥质纹层互层[图 3.17(b)]。扫描电子显微镜下观察泥质灰岩样品，可见方解石晶体自形程度较差，存在重结晶及胶结作用[图 3.17(c)]。

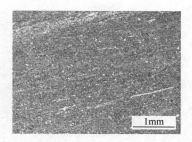

(a) 纹层状含灰泥岩，罗69井，3119.5m

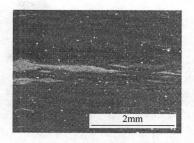

(b) 含灰泥岩，见少量方解石，牛页1井，
3367.57m

(c) 含灰泥岩，泥质层理明显，牛页1井，
3302.9m，二次电子图像

图 3.16　沙四上亚段—沙三下亚段含灰泥岩特征（文后附彩图）

(a) 纹层状含泥灰岩，罗69井，　　(b) 纹层状泥质灰岩，牛页1井，3426.5m　　(c) 泥质灰岩，罗69井，2943.2m，
　　3052.1m　　　　　　　　　　　　　　　　　　　　　　　　　　　　　　　二次电子图像

图 3.17　沙四上亚段—沙三下亚段泥质灰岩特征（文后附彩图）

4. 含泥灰岩

　　根据细粒沉积岩矿物组分三角图分类方案，含泥灰岩是指泥质含量为 10%～25%，方解石含量大于 50%，白云石含量小于 10%的岩石类型。

　　岩心和薄片观察可见纹层状含泥灰岩，岩心颜色为灰色-深灰色，碳酸盐矿物含量可达 70%以上，黏土矿物及粉砂质陆源碎屑含量很低，岩心观察可看到明暗相间的纹层[图 3.18(a)]。薄片观察可见显微镜方解石纹层扫描与泥质纹层，二者界线分明，顶底突变接触[图 3.18（b）]。扫描电镜下可见方解石晶体自形程度较差，重结晶及胶结作用明显[图 3.18（c）]。

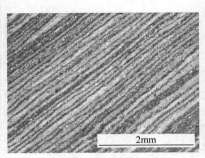

(a) 纹层状含泥灰岩，罗69井，　　(b) 纹层状含泥灰岩，罗69井，3041.35m　　(c) 含泥灰岩，方解石胶结明显，罗69
　　3045.65m　　　　　　　　　　　　　　　　　　　　　　　　井，3067.66，二次电子图像

图 3.18　沙四上亚段—沙三下亚段含泥灰岩特征（文后附彩图）

5. 泥质云岩

根据细粒沉积岩矿物组分三角图分类方案，泥质云岩是泥质含量为 25%～50%，白云石含量大于方解石含量，方解石含量小于 10% 的岩石类型。

泥质云岩主要发育在沙河街组沙四上亚段，扫描电子显微镜观察自然断面样品，可见白云石颗粒菱形边缘清晰[图 3.19（a），图 3.19（b）]。氩离子抛光扫描电子显微镜观察，可见白云石及泥质条带沿层理缝方向发育，油迹充填特征明显[图 3.19（c）]。

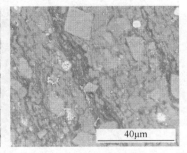

(a) 泥质云岩，牛页1井，3304.1m，　　(b) 泥质云岩，图(a)放大图，牛页1井，　　(c) 泥质云岩，氩离子抛光，樊页1井，
　　二次电子图像　　　　　　　　　　　3304.1m，二次电子图像　　　　　　　3198.15m，背散射电子图像

图 3.19　沙四上亚段—沙三下亚段泥质云岩特征

3.3.3　岩性组合特征

根据测井、岩心观察、薄片鉴定、X 射线衍射和扫描电子显微镜观察等资料，结合储层矿物学和岩石学特征分析结果，认为渤海湾盆地沙四上亚段—沙三下亚段具有一定的岩性组合规律。通过编制 4 口取心井沙四上亚段—沙三下亚段岩心综合柱状图，综合研究其岩性组合特征。

1. 罗 69 井

罗 69 井从沙四上亚段到沙三下亚段，方解石含量逐渐从 80%减少到 20%左右，泥质含量逐渐由 10%增加到 35%左右，岩性组合由含泥灰岩逐渐变为灰质泥岩，产状从纹层状逐渐过渡到层状。罗 69 井沙四上亚段—沙三下亚段可以划分出 11 个岩性组合（表 3.5）。

表 3.5　罗 69 井沙四上亚段—沙三下亚段岩性组合

层位	深度范围/m	岩性组合
Es_3^x	2909~2918	层状灰质泥岩
	2918~2942	层状含灰泥岩
	2942~2976	层状泥质灰岩
	2976~3000	层状灰质泥岩
	3000~3040	纹层状泥质灰岩与灰质泥岩互层
	3040~3092	层状泥质灰岩
	3092~3099	纹层状含泥灰岩
	3099~3124	层状泥质灰岩
	3124~3131	层状含泥灰岩与含灰泥岩互层
Es_4^s	3131~3132	层状灰质白云岩
	3132~3143	层状灰质泥岩与含泥灰岩互层

罗 69 井沙四上亚段底部以层状灰质泥岩与含泥灰岩互层为主，见灰岩薄层，方解石含量最高达 80%。沙四上亚段顶部 3131~3132m 层段以层状灰质云岩为主。沙三下亚段底部为层状含泥灰岩为层状含灰泥岩薄互层。其上部 3099~3124m 和 3092~3099m 层段碳酸盐矿物含量高，陆源碎屑含量增加，表现为层状泥质灰岩和纹层状含泥灰岩。3040~3092m 层段为一套暗色、深灰层状泥质灰岩，夹纹层状灰色含泥灰岩及灰质泥岩，厚度较大，其中 3040~3060m 层段 TOC 含量高。3000~3040m 层段为一套厚度较大的灰色、浅灰色纹层状泥质灰岩与灰质泥岩互层。在 2976~3000m 层段泥质含量升高，为深灰色、褐色层状灰质泥岩，夹灰色层状泥质灰岩和浅灰色灰岩薄层。2942~2976m 层段为一套相对稳定的层状泥质灰岩。从 2942m 以上，灰质含量减少，泥质含量增加，为深色层状含灰泥岩，夹深褐色泥岩薄层。2909~2918m 层段方解石含量增加，为灰色、浅灰色灰质泥岩（图 3.20）。

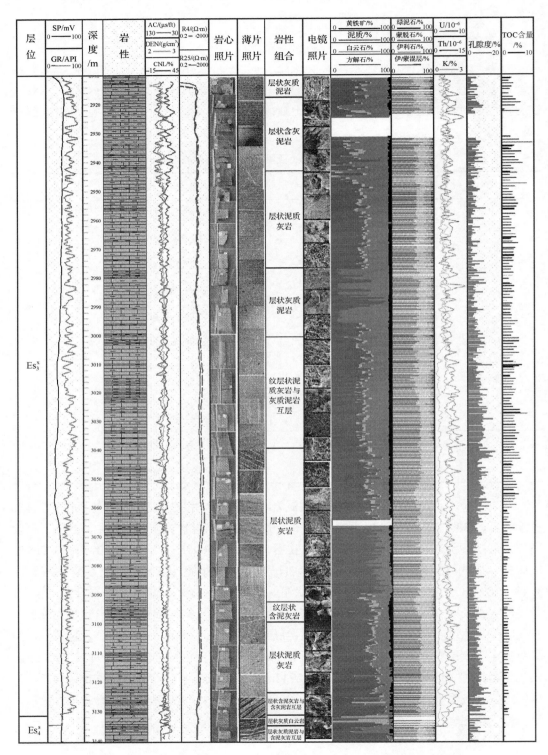

图 3.20　罗 69 井沙四上亚段—沙三下亚段岩心综合柱状图（文后附彩图）

1ft = 3.048 × 10⁻¹m

2. 樊页 1 井

樊页 1 井从沙四上亚段到沙三下亚段，方解石含量逐渐减少，泥质含量逐渐增加，岩性组合由含泥灰岩、泥质灰岩逐渐变为含灰泥岩，产状从纹层状逐渐过渡到层状，TOC含量高。樊页 1 井沙四上亚段—沙三下亚段可以划分出 12 个岩性组合（表 3.6）。

表 3.6 樊页 1 井沙四上亚段—沙三下亚段岩性组合

层位	深度范围/m	岩性组合
Es$_3^x$	3050~3070	层状泥质灰岩
	3070~3110	层状含灰泥岩
	3110~3160	纹层状含云灰质泥岩
	3160~3186	纹层状灰质泥岩和与含灰泥岩互层
	3186~3196	纹层状泥质云岩
	3196~3216	纹层状含泥灰岩与含灰泥岩互层
	3216~3224	纹层状含灰泥岩与含泥云岩互层
	3224~3250	层状泥质灰岩
Es$_4^s$	3250~3270	
	3270~3316	纹层状灰质泥岩与泥质灰岩互层
	3316~3340	纹层状含泥灰岩
	3340~3410	纹层状泥质灰岩与灰质泥岩互层
	3410~3438.3	纹层状灰质云岩与泥质灰岩互层

樊页 1 井沙四上亚段底部白云石和方解石含量高，岩性以纹层状灰质泥岩与泥质灰岩互层为主。3340~3410m 层段白云石含量降低，泥质含量升高，表现为深灰色、灰色纹层状泥质灰岩与灰质泥岩互层。其上部 3316~3340m 层段为灰色、浅灰色纹层状含泥灰岩。3270~3316m 层段泥质含量再次升高，表现为深灰色、灰色纹层状灰质泥岩与泥质灰岩互层。在沙四上亚段顶部和沙三下亚段底部 3224~3270m 层段主要是一套深灰、暗色层状泥质灰岩，厚度较大且相对稳定。

沙三下亚段 3186~3250m 层段岩性变化快且厚度薄，从下自上分别为层状泥质灰岩、纹层状含灰泥岩与含泥云岩互层、纹层状含泥灰岩与含灰泥岩互层、纹层状泥质云岩。3070~3186m 层段泥质含量升高，方解石含量降低，产状从纹层状逐渐过渡到层状，表现为深灰色、褐色纹层状灰质泥岩和含灰泥岩，转变为纹层状含云灰质泥岩，再到层状含灰泥岩。沙三下亚段上部 3050~3070m 层段灰质含量升高，主要为灰色层状泥质灰岩（图 3.21）。

3. 牛页 1 井

牛页 1 井沙四上亚段—沙三下亚段可以划分出 5 个岩性组合，产状从纹层状逐渐过

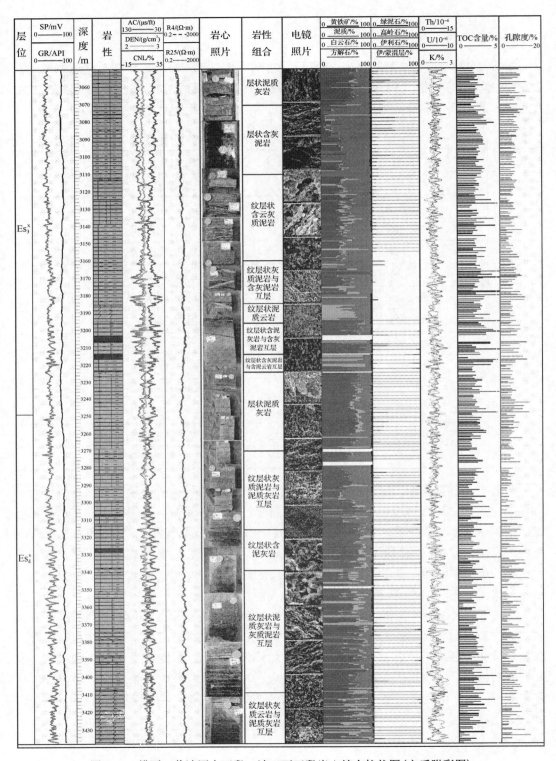

图 3.21　樊页 1 井沙四上亚段—沙三下亚段岩心综合柱状图(文后附彩图)

渡到层状，整体 TOC 含量高。沙四上亚段下部 3476～3490m 层段为一套纹层状泥质云岩，3409～3476m 层段表现为一套深灰、暗色的纹层状泥质灰岩与灰质泥岩频繁互层。随后 3370～3409m 层段泥质含量降低，白云石含量升高，主要以纹层状泥质灰岩夹含泥云岩薄层出现。其上部 3350～3370m 层段碳酸盐矿物含量明显下降，主要为深灰色、深褐色层状灰质泥岩。沙四上亚段顶部及沙三下亚段 3295～3350m 层段碳酸盐矿物含量升高，表现为深灰色层状泥质灰岩与灰质泥岩互层(图 3.22)。

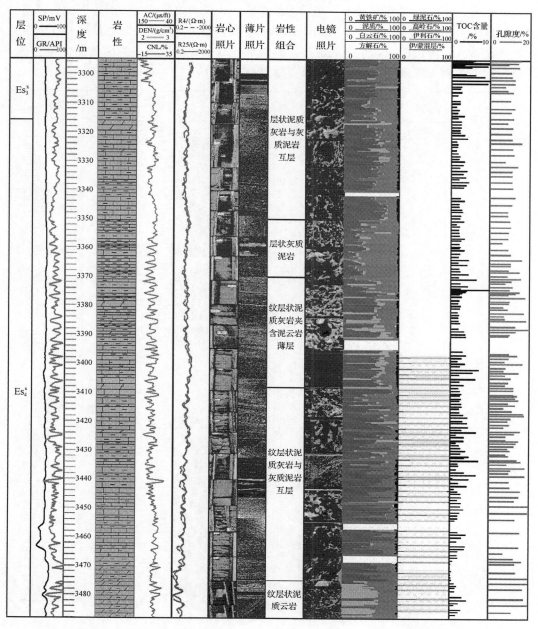

图 3.22　牛页 1 井沙四上亚段—沙三下亚段岩心综合柱状图(文后附彩图)

4. 利页1井

利页1井沙四上亚段—沙三下亚段,方解石含量逐渐减少,泥质含量逐渐增加,岩性组合由含泥灰岩、泥质灰岩逐渐变为灰质泥岩,产状以纹层状为主,整体 TOC 含量高。

利页1井沙四上亚段—沙三下亚段可以划分出4个岩性组合。沙四上亚段下部3774～3840m 层段为一套深灰色、灰色纹层状泥质灰岩与灰质泥岩互层。沙四上亚段上部3696～3774m 层段方解石含量逐渐减少,泥质含量增加,表现为纹层状灰质泥岩夹泥岩薄层,沉积厚度较大。沙三下亚段下部3654～3696m 层段主要为深灰色、灰色纹层状含云灰质泥岩夹泥质灰岩薄层沉积。沙三上亚段上部3580～3654m 层段表现为深灰色、灰色层状灰质泥岩夹泥质灰岩薄层,厚度大且分布稳定(图 3.23)。

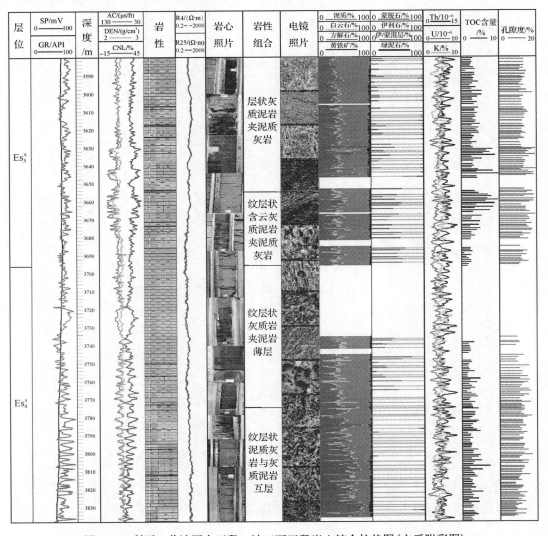

图 3.23　利页1井沙四上亚段—沙三下亚段岩心综合柱状图(文后附彩图)

第4章 页岩油储层特征

冶艳油储集空间的类型、大小、结构直接影响其中油气的赋存形式及开发措施的选择。利用场发射环境扫描电子显微镜、高分辨率背散射图像定量分析和 N_2 等温吸附实验等技术相结合的方法，描述渤海湾盆地沙河街组页岩油储层的储集空间特征，定量表征微观孔隙的孔径分布、孔隙形态和孔隙结构，从矿物成分、有机质生烃、成岩作用、构造作用和热液作用等方面探讨页岩油储层物性发育的影响因素。

4.1 储集空间特征

利用场发射环境扫描电子显微镜中的 3 种成像系统观察自然断面样品及氩离子抛光样品，研究渤海湾盆地沙河街组页岩油储层的储集空间类型及其微观储集空间特征。

4.1.1 样品及观察手段

1. 样品的制备

本书所用样品采自 4 口取心井，选取的具有代表性的岩石样品共计 272 块，制备采用液氮钻取和切割。为满足纳米尺度孔隙观测的需求，145 块样品使用 CDY-Ⅱ型超声波岩心自动洗油仪，在高压高温(工作压力≤10MPa，工作温度 150℃)条件下，利用三氯甲烷混合溶剂进行超长时间(200h 以上)反复洗油处理，岩心制备流程遵循行业标准：《岩心分析方法》(SY/T 5336—2006)(表 4.1)。

表 4.1 扫描电子显微镜观察实验样品基本信息表

处理方式	洗油处理	样品个数/个				合计/个
		罗69井	樊页1井	牛页1井	利页1井	
切割、自然断面	洗油前	36	22	14	24	96
	洗油后	31	34	18	26	109
切割、氩离子抛光	洗油前	10	7	7	7	31
	洗油后	9	11	8	8	36

205 件自然断面样品中洗油前样品 96 件，洗油后样品 109 件。沿层理和垂直层理切下面积约 1cm×1cm，厚度约 5mm 的样品，对样品的自然断面进行纯金镀膜处理。该类样品可利用场发射环境扫描电子显微镜直接观察断面的原始物质组成和形貌特征，包括矿物颗粒、微孔隙和微裂缝等。

67 件氩离子抛光样品中未洗油样品 31 件,洗油样品 36 件。普通样品进行扫描电子显微镜观察时,实为观察其自然断面(糙面)特征,制样时难免产生颗粒脱落或移位,可能会造成"孔隙"假象,因为不同矿物或颗粒不在同一平面上,彼此会有遮挡,从而影响细小孔隙的观察和孔径测量。利用氩离子抛光处理技术可以有效避免孔隙假象的产生。制样时沿垂直层理方向切取 0.5cm×1cm 样品,利用不同粒径(600 目、800 目、1500 目、2000 目和 5000 目)的超薄金刚砂纸依次对粗面进行打磨,打磨至符合平整度要求后将样品放入氩离子抛光仪器中进行二次抛光处理,处理后的二维截面表面粗糙度控制在 5nm以下,即能够满足高倍镜下观察孔隙及矿物形态的要求(王亮等,2015)。抛光工作在四川省煤田地质局实验室进行,抛光设备为美国 GATAN685 型氩离子抛光仪(图 4.1)。样品进行氩离子抛光后再对抛光面进行纯金镀膜处理。

图 4.1　美国 GATAN685 型氩离子抛光仪

2. 场发射环境扫描电子显微镜原理

场发射环境扫描电子显微镜对页岩油储层中微米、纳米级孔隙表征及识别具有非常重要的作用。本章采用油气藏地质及开发工程国家重点实验室的 QUANTA250 FEG 场发射环境扫描电子显微镜+Oxford Inca X-max20 能谱仪对页岩油储层样品进行高分辨率微观分析(图 4.2)。该仪器具有高真空、低真空和环境真空 3 种模式,成像系统包括二次电子成像(secondary electron,SE)、背散射电子成像(backscattered electron,BE)和 X 射线谱线成像等,下面简要介绍场发射环境扫描电子显微镜的成像原理及本章采用的 3 种成像系统。

图 4.2　QUANTA250 FEG 场发射环境扫描电子显微镜+Oxford Inca X-max20 能谱仪

在扫描电子显微镜中，由电子枪发射的直径为 20～30μm 的高能电子束，经几级聚光镜汇聚后，在末级透镜内扫描线圈的作用下，在样品表面进行逐点逐行的光栅状扫描，相互作用区内会发生弹性散射和非弹性散射事件，并激发出二次电子、背散射电子、吸收电子、连续谱 X 射线、阴极荧光等多种样品信息信号，这些电子信息信号被检测器收集、放大、转换，变成电压信号，最后被送到显像管栅极调制显像管亮度，显像管中的电子束在荧光屏上也作光栅状扫描，并且这种扫描运动与样品表面的电子束扫描运动严格同步，这就获得了衬度与所接收信号强度相对应的电子扫描图像，它反映了样品微区表面的结构形态或成分等(徐柏森和杨静，2008)。不同于传统扫描电子显微镜的钨丝电子枪，场发射环境扫描电子显微镜阴极发射体的尖端为钨单晶，对这种点状钨阴极施以强负电场，电子即能直接离开阴极发射出来，电子源有效直径小到 2.5μm，通过透镜缩小后可获得 1nm 的束斑直径，即能获得高倍率和高分辨率成像，成像立体感强，更有利于观察样品形貌和孔隙结构(刘伟新等，2001；张大同，2009)。

1)二次电子成像

二次电子是被入射电子(一次电子)轰击后激发出的原子核外电子。二次电子的能量在 0～30eV，在固体样品中的平均自由程在 10～100nm，因此，入射电子与样品原子只发出有限次数的散射，基本未向侧向扩散。产额率是决定图像质量的主要因素，二次电子的数量越多，亮度越大，图像质量越好。二次电子的分辨率取决于电子束斑直径 d，d 越小，相应的分辨率越佳，d 一般为 3～6nm，放大倍数为 20 万倍。场发射环境扫描电子显微镜的 d 可达 1～2nm，放大倍数可达 40 万倍。放大倍数不仅连续可调，其景深长，图像层次丰度高，立体感强，能够满足对页岩油储层微孔的表征需求[图 4.3(a)，图 4.3(d)]。实验条件：加速电压为 20kV，电子束斑直径 d 为 3.5nm，工作距离为 7～13mm。

2) 背散射电子成像

背散射电子是入射电子与样品发生碰撞之后，被反射回来的电子，又称之为反射电子。该电子能量较高，呈直线进入检测器，有明显的阴影效果。由于电子从样品深处被反射出来，在样品内部已经进行了扩散，范围比入射电子直径大得多，分辨率较二次电子低。

背散射电子的产额率随原子序数的增大而增多。由于成像衬度原子序数的不同，原子序数较大的部位产生较强的背散射电子信号，在荧光屏上形成较亮的区域，反之则形成较暗的区域(John，1986；刘俊来等，2008；郭宁等，2010)。该成像模式适用于显示样品内元素的分布状态和表面形态，在本章样品的背散射电子图像中，含重元素的矿物呈亮白色(如黄铁矿)，方解石和白云石呈灰白色，泥质成分呈灰色，流体挥发或洗油后的孔隙空间呈黑色，肉眼容易识别[图 4.3(b)，图 4.3(e)]。

3) X 射线谱线成像

各元素的原子序数、相对原子质量、核外电子的层次数量都不相同，发射出的特征 X 射线也各不相同，因此，可依据 X 射线的特征进而确定发射源中所含元素的性质，这就是 X 射线显微定性的理论基础。特征 X 射线谱是发射原子独有的特征，其波长或能量取决于物质的原子能级结构。

目前，检测元素特征 X 射线的方法和分析装置主要有两种：一种是通过区分波长将特征 X 射线分散开以形成波谱，称为波长分散型 X 射线微区分析法，简称波谱法(wave spectroscopy)，所使用的仪器为 X 射线波谱仪(wave length dispersive X-ray spectroscopy，WDX)。另一种是将 X 射线所具有的能量转换为电信号以形成能谱，称为能量分散型 X 射线微区分析法，简称能谱法(spectroscopy)，所使用的仪器为能谱仪(energy dispersive spectrometer, EDS)。本章采用能谱法，在样品表面微区根据需要选择对一点或一区域采集特征 X 射线谱线，从而对发射元素进行定量或定性分析。其优点是速度很快，对样品造成的污染和损伤较小，能够探测原子序数为 4～92(Be～U)的元素，定量分析的相对误差低于 2%，满足观测过程中分析矿物基质和烃类元素的需求[图 4.3(c)，图 4.3(f)]。同时利用电子图像显示试样表面形貌和组成的变化，增强了肉眼观察矿物颗粒和孔隙特征的可靠性。

 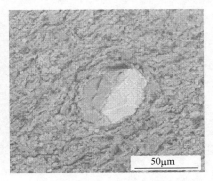

(a) 二次电子图像，泥质碎片包裹钠　　　(b) 图(a)背散射电子图像，泥质碎片包裹
长石和重晶石；利页1井，3656.61m　　　钠长石和重晶石；利页1井，3656.61m

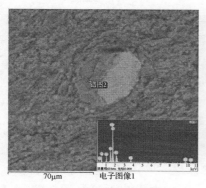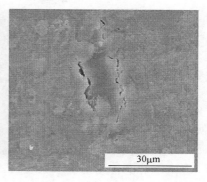

(c) 图(a)的X射线谱线成像能谱元素　　　　(d) 二次电子图像，溶蚀孔充填油迹，
确认；利页1井，3656.61m　　　　　　　　氩离子抛光；樊页1井，3191.59m

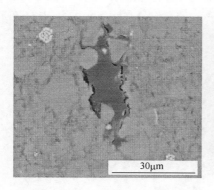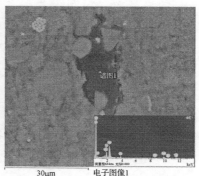

(e) 图(d)背散射电子图像，溶蚀孔充填油　　(f) 图(d)的X射线谱线成像能谱元素
迹，氩离子抛光；樊页1井，3191.59m　　　确认；樊页1井，3191.59m

图 4.3　场发射环境扫描电子显微镜下矿物和油迹的二次电子图像、背散射电子图像和
X 射线谱线成像能谱

　　本章利用场发射环境扫描电子显微镜，采用 3 种成像模式相结合的方式观测矿物、流体及微观孔隙特征，观察 205 块具有代表性的自然断面样品，拍摄图像共计 3065 张。观察 67 块具有代表性的氩离子抛光样品，拍摄图像共计 882 张。自然断面及氩离子抛光样品中的 164 块样品同时进行能谱分析，共计 299 个点。

4.1.2　储集空间类型

　　通过综合分析岩心观察、薄片观察、荧光、场发射环境扫描电子显微镜观察的结果，认为渤海湾盆地沙河街组页岩油储层的储集空间类型包括孔隙和裂缝两大类。其中，孔隙包括粒间孔、晶间孔、溶蚀孔和晶内孔 4 种类型。裂缝包括构造裂缝、层理缝、超压破裂缝和泥质收缩缝 4 种类型。

1. 孔隙

　　孔隙分类方案以 Loucks 等(2009)提出的三端元孔隙分类方案作为基础，结合本区实际地质条件，以矿物基质及孔隙成因作为主要依据，将渤海湾盆地沙河街组页岩油储层的微孔隙划分为粒间孔、晶间孔、溶蚀孔和晶内孔 4 种类型。研究区页岩油储层有机质成熟度总体处于低熟—成熟演化阶段，有机质未达到高成熟阶段，扫描电子显微镜下未见到有机质孔发育，因此，有机质孔不是研究区的储集空间类型。

1）粒间孔

在沉积与成岩作用下，大量不规则泥质颗粒堆积压实，保留了大量原生粒间孔，多见于泥质软硬颗粒接触处及黏土矿物集合体间。泥质颗粒成分包括黏土矿物、隐晶质石英、硫化物等的混合物，其中黏土矿物主要为伊/蒙混层和伊利石。与砂岩中多孔性的黏土矿物相比，页岩油储层中黏土矿物由于缺乏碎屑颗粒的支撑保护，粒间孔形态表现为片状、扁圆状及不规则状，无规律分散于基质中（图 4.4）。在泥质含量大于 50%的样品中，粒间孔占孔隙总量的 80%以上，孔径集中分布在 600nm以下。

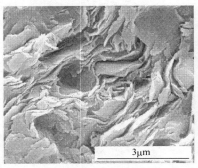

(a) 泥质碎片粒间孔，二次电子图像；
樊页1井，3217.36m

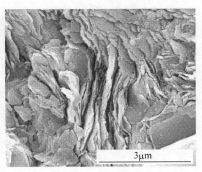

(b) 泥质片理间粒间孔，二次电子图像；
罗69井，2940.3m

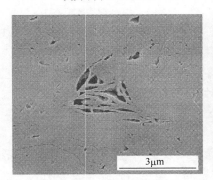

(c) 泥质粒间孔，二次电子图像；
罗69井，3110.9m

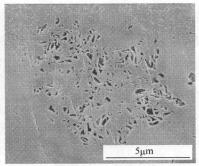

(d) 泥质粒间孔，二次电子图像；
樊页1井，3047.98m

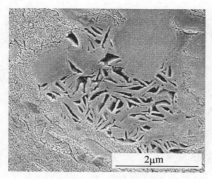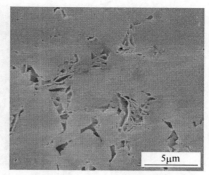

(e) 粒间孔,背散射电子图像;
罗69井，2940.3m

(f) 粒间孔见油迹，二次电子图像;
牛页1井，3450.56m

图4.4　沙四上亚段—沙三下亚段粒间孔特征

2) 晶间孔

晶间孔为矿物晶体生长过程中堆积接触形成的孔隙。渤海湾盆地沙河街组页岩油储层富含以方解石和白云石为主的碳酸盐矿物。方解石以隐晶结构为主，部分为显微-微晶结构，常构成灰质纹层或与泥质矿物混合产出，局部见微细晶方解石纹层。方解石受到重结晶和胶结作用的影响，晶间孔孔径整体偏小，最大不超过 1μm，主要分布在 200nm 以下[图 4.5(a)，图 4.5(b)]。在云岩薄夹层中存在大量白云石晶间孔，主要分布于白云岩、泥质云岩或灰质云岩薄夹层中。镜下观察白云石晶间孔孔径最大接近9μm，孔隙连通性极好[图 4.5(c)，图 4.5(d)]。

黄铁矿是富有机质沉积的特征产物，微球粒状黄铁矿晶簇间存在大量晶间孔[图 4.5(e)，图 4.5(f)]，镜下观察黄铁矿晶间孔的最大孔径可达 2μm，有近 70%的黄铁矿晶间孔孔径分布在 80~400nm。

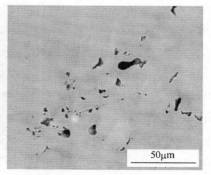

(a) 方解石晶间孔，二次电子图像;
牛页1井，3401.05m

(b) 方解石晶间孔，背散射电子图像;
罗69井，3041.65m

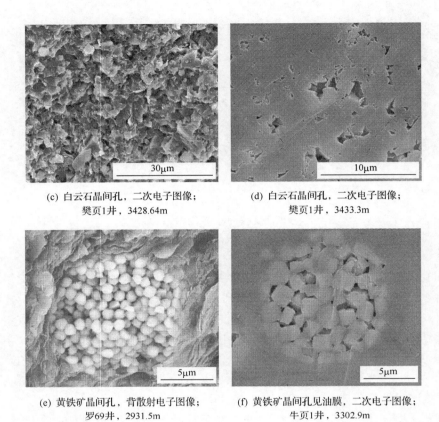

    (c) 白云石晶间孔，二次电子图像；　　　　　(d) 白云石晶间孔，二次电子图像；
         樊页1井，3428.64m　　　　　　　　　　　　樊页1井，3433.3m

    (e) 黄铁矿晶间孔，背散射电子图像；　　　　(f) 黄铁矿晶间孔见油膜，二次电子图像；
         罗69井，2931.5m　　　　　　　　　　　　牛页1井，3302.9m

图 4.5　沙四上亚段—沙三下亚段晶间孔特征

3) 溶蚀孔

　　烃源岩中干酪根在热解过程中生成有机酸，通过 H^+ 和络合金属元素影响矿物的稳定性，在脱碳酸基作用下使长石、碳酸盐等不稳定矿物边缘或内部发生化学溶解形成溶蚀孔，或者在原生孔隙边缘进一步溶蚀扩大，形成粒（晶）间溶蚀扩大（微）孔（刘毅等，2017a）。同时，济阳拗陷古近系地层局部的热液活动也促进了溶蚀孔的发育（袁静等，2012）。渤海湾盆地沙河街组页岩油储层中的溶蚀孔包括方解石溶蚀孔、白云石溶蚀孔和长石溶蚀孔，在泥质灰岩、含泥灰岩中常见方解石溶蚀孔，偶见长石溶蚀孔（图 4.6）。白云岩薄夹层中发育白云石溶蚀孔。溶蚀孔的孔径较大且边缘不规则，孔隙内常见胶状油膜充填。镜下观察显示，方解石溶蚀孔的最大孔径可达 10μm，白云石溶蚀孔的最大孔径可达 16μm。

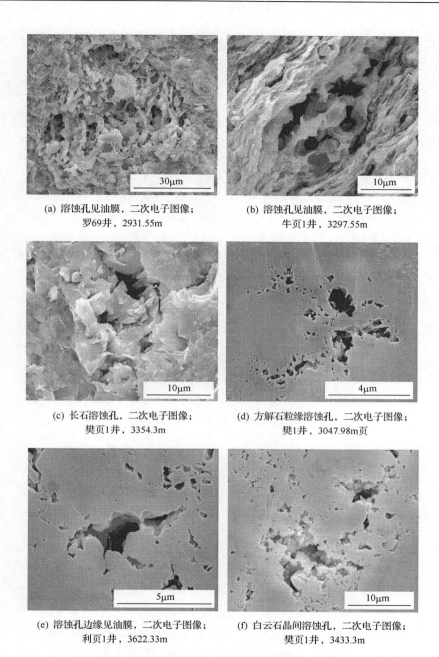

(a) 溶蚀孔见油膜，二次电子图像；　　　　　　(b) 溶蚀孔见油膜，二次电子图像；
罗69井，2931.55m　　　　　　　　　　　　　牛页1井，3297.55m

(c) 长石溶蚀孔，二次电子图像；　　　　　　　(d) 方解石粒缘溶蚀孔，二次电子图像；
樊页1井，3354.3m　　　　　　　　　　　　　樊1井，3047.98m页

(e) 溶蚀孔边缘见油膜，二次电子图像；　　　　(f) 白云石晶间溶蚀孔，二次电子图像；
利页1井，3622.33m　　　　　　　　　　　　樊页1井，3433.3m

图 4.6　沙四上亚段—沙三下亚段溶蚀孔特征

4）晶内孔

晶内孔是晶体颗粒内部或晶面上存在的微小孔隙，扫描电子显微镜下晶内孔主要存在于碳酸盐矿物颗粒内部或晶面内，呈分散无规则分布，形态呈圆形或扁圆形，孔

径较小且连通性差(图 4.7)。大量扫描电子显微镜图像中未见晶内孔中有油迹,孔径主要分布在 100nm 以下。

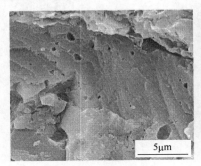 

(a) 方解石晶内孔,二次电子图像;
樊页1井,3101.6m

(b) 白云石晶内孔,二次电子图像;
牛页1井,3378.09m

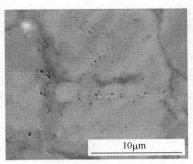

(c) 方解石晶内孔,背散射电子图像;
罗69井,2932.57m

图 4.7　沙四上亚段—沙三下亚段晶内孔特征

2. 裂缝

裂缝可以有效改善储层的渗流能力,其中微裂缝是连通宏观裂缝和微观孔隙的桥梁。通过岩心观察、薄片及荧光、扫描电子显微镜观察,依据裂缝的成因将渤海湾盆地沙河街组页岩油储层的裂缝划分为构造裂缝、层理缝、超压破裂缝和泥质收缩缝 4 种类型。

1)构造裂缝

构造裂缝是指页岩油储层经过一次或多次构造应力破坏而形成的裂缝,其方向、分布和形态可以归因于局部构造事件或与局部构造事件相伴生的断层活动,可出现在页岩油储层的任何部位。按照构造裂缝形成的力学性质,可以分为张性裂缝、剪切裂缝和挤压性裂缝。岩心观察构造裂缝缝面较平直,常见纹层错断现象。这些裂缝多数已被矿物(如方解石)半充填或完全充填(图 4.8)。

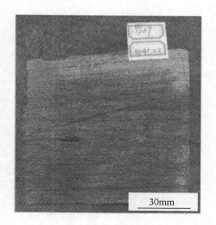

(a) 樊页1井，3409.4m　　　　　　　　　　　　(b) 罗69井，3041.53m

(c) 罗69井，3048.97m

图 4.8　沙四上亚段—沙三下亚段构造裂缝特征

2) 层理缝

层理缝是指地层受到各种地质作用而沿着沉积层理裂开的裂缝，由于不同成分纹层性质差别较大或者黏土矿物层间键较为薄弱，在埋藏过程中不同纹层平行于层面方向的伸展率或收缩率存在差异，纹层间相对易分离(陈迎宾等，2013；罗群等，2017)。层理缝为沉积作用过程中的产物，后期构造应力对其发育影响也很大，所受构造应力越强，层理缝越发育。

渤海湾盆地沙河街组页岩油层段发育纹层状和层状构造，在纹层状页岩油储层中层理缝十分发育。层理缝的宽度较窄，岩心观察宽度均在 0.02mm 以下。层理缝不仅能改善储层的渗透率，而且自身更是良好的储集空间，扫描电子显微镜下层理缝油迹特征明显(图 4.9)。

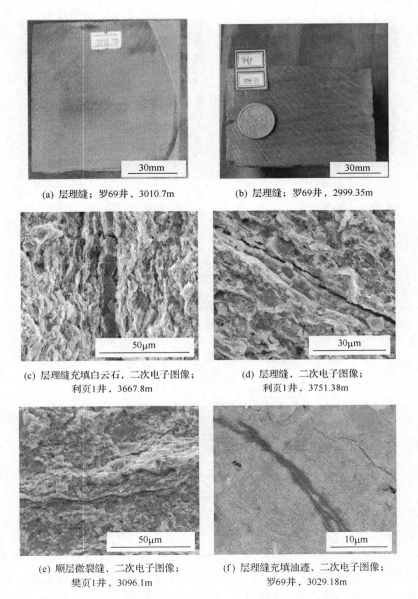

(a) 层理缝；罗69井，3010.7m　　　(b) 层理缝；罗69井，2999.35m

(c) 层理缝充填白云石，二次电子图像；
利页1井，3667.8m

(d) 层理缝，二次电子图像；
利页1井，3751.38m

(e) 顺层微裂缝，二次电子图像；
樊页1井，3096.1m

(f) 层理缝充填油迹，二次电子图像；
罗69井，3029.18m

图 4.9　沙四上亚段—沙三下亚段层理缝特征

3) 超压破裂缝

　　超压破裂缝是指在封闭状态下，页岩油储层地层中有机质生烃演化、黏土矿物转化脱水或水热增压等综合作用造成的局部异常压力，迫使岩石破裂而形成的裂缝，这种裂缝的缝面不规则，一般不成组系出现(包书友等，2012)。在烃源岩生烃增压演化过程中，烃源岩大量排水和各类阳离子引起矿物溶解及再沉淀。岩心观察见重结晶方解石晶体充填于超压破裂缝中，薄片及荧光观察见泥质及有机质混合物残留在不规则超压缝中(图4.10)。

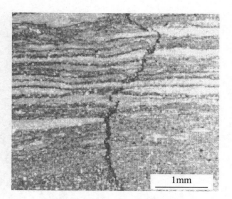

（a）异常压力缝；樊页1井，
3228.43m

（b）超压缝，光学显微镜薄片观察；
牛页1井，3443.55m

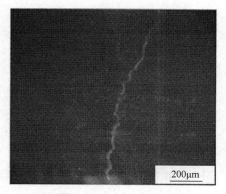

（c）超压缝，荧光；牛页1井，3443.55m

图 4.10　沙四上亚段—沙三下亚段超压破裂缝特征（文后附彩图）

4）泥质收缩缝

泥质收缩缝是指在成岩过程中上覆地层压力下，黏土矿物通过转化脱水、均匀收缩、干裂等作用产生内应力而形成的裂缝。局部泥质碎片组合中见泥质包裹矿物颗粒，脱水后围绕颗粒形成的粒缘缝，也是泥质收缩缝的形态之一。镜下观察泥质收缩缝最大可达 8μm，缝宽多小于 1μm，连通性较好（图 4.11）。

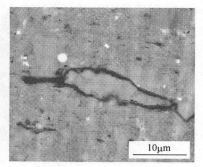

（a）泥质碎片片理微缝发育，二次电子图像；
利页1井，3667.8m

（b）粒缘缝充填油迹，二次电子图像；
樊页1井，3047.98m

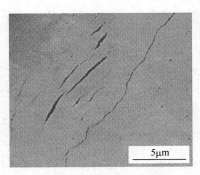

(c) 泥质微裂缝，二次电子图像；
罗69井，3065.1m

图 4.11　沙四上亚段—沙三下亚段泥质收缩缝特征

4.2　基于高分辨率背散射图像的孔隙特征表征

在微观孔隙识别及分类的基础上，应用高分辨率背散射图像分析方法，获得 22 个自然断面样品和 20 个氩离子抛光样品的面孔率、孔隙数量、孔隙的孔径分布、面积频率等参数，表征了页岩油微观孔隙分布特征(刘毅等，2017b；田同辉等，2017a，2017b)。

4.2.1　高分辨率背散射图像分析技术

常规的显微图像分析方法是通过软件对二维图像进行扫描，进而对样品中的孔隙进行定量统计。显微图像分析方法主要应用于铸体薄片分析，铸体薄片中的孔喉等目标特征单一、突出，易于识别和选取，但对于微孔隙和微裂缝则无法精确扫描和处理。

页岩油储层的微孔隙孔径以微—纳米为主，孔径较小，本章借鉴图像分析技术，选取了较高质量的自然断面样品和氩离子抛光样品的背散射图像进行孔隙定量分析。利用高分辨率场发射环境扫描电子显微镜采集 2 万～3 万倍图像，可有效识别微米级及纳米级微孔。为了避免灰度色差对肉眼判断造成的影响，定量分析均采用背散射电子图像。为防止高倍电镜下单个视域对样品代表性不强，采取多个视域的照片进行定量统计。

首先，在场发射环境扫描电镜背散射成像模式下，对样品自然断面或氩离子抛光样品进行微观观察，选择样品自然断面或氩离子抛光样品的典型区域，采集高倍率(至少 1 万倍，一般为 2 万～3 万倍)背散射电子图像。

其次，按顺序连续采集 4×4 共计 16 个视域，利用 CORELDRAW 拼接获得一个研究分析图像，图像边长约 65μm[图 4.12(a)]。

最后，对分析图像中的不同类型孔隙进行人工识别并标注不同的颜色，利用 MIAS-2000 彩色图像分析系统软件进行统计和计算，得出样品不同类型孔隙的二维特征值，如孔隙面孔率、孔隙数目、孔径大小、孔隙的贡献率等参数，测量精度可达 3nm～10μm [图 4.12(b)]。

 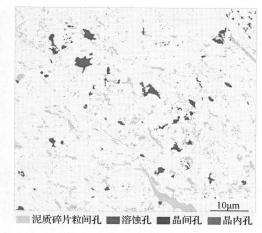

(a) 场发射环境扫描电子显微镜拼接图像　　　　　　　(b) 颜色标识图像

图 4.12　场发射环境扫描电子显微镜拼接图像及颜色标识图像(文后附彩图)

4.2.2　不同类型孔隙的孔径与面孔率特征

在研究区微观孔隙分类的基础上,通过背散射图像定量分析 42 个样品的微孔隙孔径及面积参数,认为页岩油储层的不同类型孔隙的孔径分布差异较大。粒间孔、白云石晶间孔和溶蚀孔的最大孔径均可达到 10μm 以上;黄铁矿晶间孔最大孔径达到 4μm 以上,平均孔径在几百纳米左右;方解石晶间孔、晶内孔整体发育较差,孔隙不连通且孔径较小,平均孔径均在 100nm 以下(表 4.2)。

表 4.2　不同孔隙类型孔径分布统计

孔隙类型	孔隙直径/nm			样品数/个	统计个数/个
	最小值	最大值	平均值		
粒间孔	3.49	10939.85	266.93	33	108405
方解石晶间孔	5.21	1313.49	71.73	7	10340
白云石晶间孔	4.72	20326.88	553.19	8	19375
黄铁矿晶间孔	5.22	4812.85	329.75	16	1517
方解石溶蚀孔	5.26	10789.05	460.66	30	12857
白云石溶蚀孔	6.94	16437.17	771.44	11	2372
方解石晶内孔	5.21	687.09	47.06	25	5911
白云石晶内孔	5.21	835.63	63.87	8	4525

1. 粒间孔

根据 108405 个粒间孔的孔径和孔隙面积定量统计,粒间孔的孔径最小值为 3.49nm,最大值为 10939.85nm,平均值为 266.93nm。孔径小于 100nm 的孔隙占粒间孔总量的42.72%,面积比例仅为 1.85%。孔径小于 1000nm 的孔隙占粒间孔总量的 96%,面积比例为 30.5%。孔径大于 2000nm 的粒间孔的面积比例为 53.13%，发育的孔隙数目仅占粒间孔总量的 1.23%（图 4.13）。

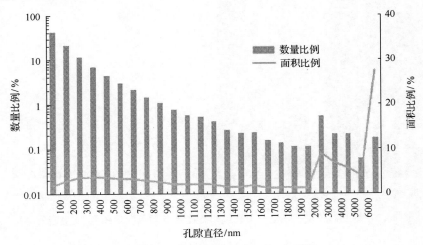

图 4.13　粒间孔的孔隙数量和孔隙面积分布统计

2. 晶间孔

根据晶间孔的孔径和面积定量统计，方解石晶间孔、白云石晶间孔和黄铁矿晶间孔的孔径分布范围差异很大。

扫描电子显微镜观察到方解石重结晶和胶结作用明显，方解石晶间孔发育较差，连通性差。根据 10340 个方解石晶间孔定量统计，孔径的最小值为 5.21nm，最大值为 1313.49nm，平均值为 71.73nm。随着孔径范围的增大，孔隙发育数目逐渐减少，同时面积比例也相应减少。孔径小于 100nm 的方解石晶间孔占此类孔隙总量的 78.4%，面积比例为 16.23%。孔径小于 400nm 的方解石晶间孔占此类孔隙总量的 98.75%，面积比例为 71.93%[图 4.14（a）]。

根据 19375 个白云石晶间孔定量统计，孔径的最小值为 4.72nm，最大值为 20326.88nm，平均值为 553.19nm。镜下观察白云石晶间孔连通性较好，能够有效沟通粒间孔和溶蚀孔。随着孔径范围的增大，孔隙发育数目逐渐减少，面积比例逐渐增大。孔径小于 100nm 的白云石晶间孔占此类孔隙总量的 22.93%，面积比例仅为 0.11%。孔径小于 1000nm 的白云石晶间孔占此类孔隙总量的 85.96%，面积比例为 11.84%。孔径大于 7000nm 的白云石晶间孔占此类孔隙总量的 0.35%，面积比例为 24.17%[图 4.14（b）]。

研究区黄铁矿含量仅占 3%，镜下观察为局部发育，42 个样品中黄铁矿晶间孔共计 1517 个，最小孔径为 5.22nm，最大孔径为 4812.85nm，平均孔径为 329.75nm。孔径小于 100nm 和分布于 100～200nm 的孔隙较多，分别占黄铁矿晶间孔总量的 23.73% 和 27.82%，面积比例仅为 0.64% 和 3.22%。孔径大于 1000nm 的孔隙占总量的 7.65%，面积比例达 63.55%[图 4.14（c）]。

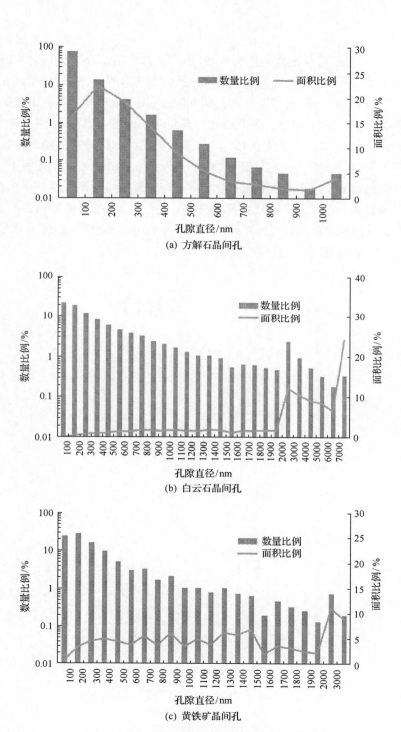

(a) 方解石晶间孔

(b) 白云石晶间孔

(c) 黄铁矿晶间孔

图 4.14　晶间孔的孔隙数量和孔隙面积分布统计

3. 溶蚀孔

根据 12857 个方解石溶蚀孔定量统计,最小孔径为 5.26nm,最大孔径为 10789.05nm,平均孔径为 460.66nm。随着孔径范围的增大,孔隙发育数目逐渐减少,面积比例逐渐增大。孔径小于 100nm 的方解石溶蚀孔占此类孔隙总量的 14.81%,面积比例仅为 0.17%。孔径小于 1000nm 的方解石溶蚀孔占此类孔隙总量的 90.54%,面积比例共计为 19.17%。孔径大于 1000nm 的孔隙占总量的 9.46%,面积比例高达 80.83%[图 4.15(a)]。

根据 2372 个白云石溶蚀孔定量统计,最小孔径为 6.94nm,最大孔径为 16 437.17nm,平均孔径为 771.44nm。随着孔径范围的增大,孔隙发育数目逐渐减少,面积比例逐渐增大,孔径大于 6000nm 的孔隙面积比例极其突出。孔径小于 1000nm 的白云石溶蚀孔占此类孔隙总量的 79.13%,面积比例为 3.89%。孔径大于 3000nm 的孔隙仅为总量的 5.86%,面积比例高达 77.02%[图 4.15(b)]。

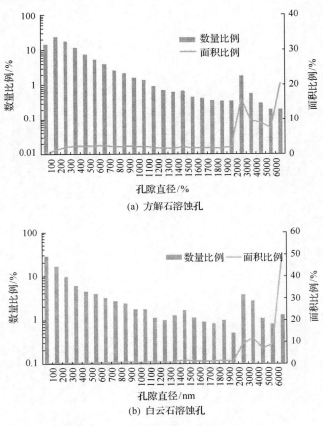

图 4.15　溶蚀孔的孔隙数量和孔隙面积分布统计

4. 晶内孔

扫描电子显微镜观察方解石和白云石表面大量发育晶内孔，孔隙间不连通，孔径集中在 100nm 以下。根据 5911 个方解石晶内孔定量统计，孔径的最小值为 5.21nm，最大值为 687.09nm，平均值 47.06nm。随着孔径范围的增大，孔隙发育数目逐渐减少，同时面积比例也逐渐减少。孔径小于 100nm 的方解石晶内孔占此类孔隙总量的 89.78%，面积比例为 40.48%。孔径为 100~200nm 的晶内孔面积比例为 32.12%，孔隙数量占此类孔隙总量的 8.53%[图 4.16(a)]。

根据 4525 个白云石晶内孔定量统计，孔径的最小值为 5.21nm，最大值为 835.63nm，平均值 63.87nm。随着孔径范围的增大，孔隙发育数目逐渐减少，同时面积比例也逐渐减少。孔径小于 100nm 的白云石晶内孔占此类孔隙总量的 88.27%，面积比例为 25.98%。孔径为 100~200nm 的晶内孔面积比例为 30.84%，孔隙数量占此类孔隙总量的 12.27%[图 4.16(b)]。

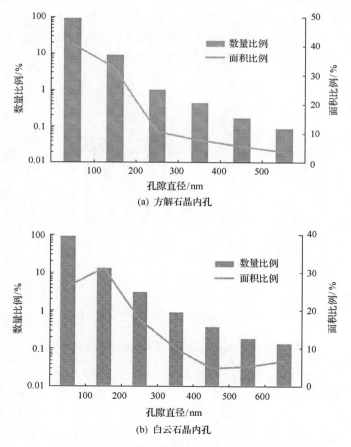

图 4.16 晶内孔的孔隙数量和孔隙面积分布统计

总体而言，页岩油储层纳米级孔隙数量占绝对优势，孔径小于 1000nm 的各类孔隙数量比例均高达 79%以上，随着孔径范围的增大，孔隙数量呈指数式急剧下降。储层孔隙面积主要由在数量上不占优势的微米级孔隙提供，页岩油层段的主要储集空间应属于孔径整体较大、微米级孔隙较多的孔隙，即溶蚀孔、白云石晶间孔和粒间孔。

4.2.3　不同岩性的孔隙发育特征

42 个分析样品中包含 13 种岩性样品及 1 块灰泥互层(视域中一半为泥质灰岩，一半为灰质泥岩，中间被层理缝分隔)样品。图像法微观定量分析结果显示，不同岩性的面孔率差异较大(图 4.17，表 4.3)。含灰云岩面孔率最高，平均面孔率为 18.91%。灰岩面孔率最低，平均面孔率为 0.53%。白云岩类的面孔率整体偏高，平均面孔率为 9.32%～18.91%，总平均面孔率为 11.5%，其中孔隙发育最好的云岩类型为含灰云岩，其次为泥质云岩和灰质云岩。泥岩类样品面孔率中等，平均面孔率为 6.97%～9.06%，总平均面孔率为 7.88%，其中面孔率较高的泥岩类型为含灰云质泥岩和含灰含云泥岩。灰岩类样品面孔率总体偏小，孔隙发育差，平均面孔率为 0.53%～5.05%，总平均面孔率为 3.61%。研究区的 5 种主要岩石类型灰质泥岩、泥质灰岩、含灰泥岩、含泥灰岩和泥质云岩，其平均面孔率分别为 7.92%、5.05%、6.97%、3.25% 和 11.04%。泥质云岩孔隙发育较好，灰质泥岩、含灰泥岩和泥质灰岩孔隙发育中等，含泥灰岩孔隙发育差。下面对 13 种岩性样品及 5 种主要岩性样品的微观定量结果进行详细阐述。

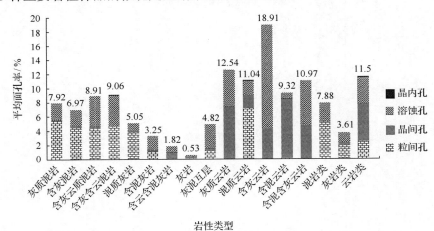

图 4.17　页岩油储层不同岩性的平均面孔率

表 4.3　页岩油储层不同岩性孔隙特征综合统计表

岩性类型	总面孔率 /%	粒间孔			晶间孔			溶蚀孔			晶内孔			个数 /个
		数量比例 /%	面孔率 /%	面积比例 /%	数量比例 /%	面孔率 /%	面积比例 /%	数量比例 /%	面孔率 /%	面积比例 /%	数量比例 /%	面孔率 /%	面积比例 /%	
灰质泥岩	7.92	82.72	5.45	70.98	0.95	0.04	0.54	12.87	2.41	28.22	3.47	0.02	0.28	13
含灰泥岩	6.97	90.70	4.40	65.36	1.65	0.30	3.58	6.03	2.26	30.89	1.62	0.01	0.18	3
含灰云质泥岩	8.91	89.00	4.35	48.86	0.96	0.36	4.05	10.04	4.20	47.09	0.00	0.00	0.00	1

续表

岩性类型	总面孔率/%	粒间孔			晶间孔			溶蚀孔			晶内孔			个数/个
		数量比例/%	面孔率/%	面积比例/%	数量比例/%	面孔率/%	面积比例/%	数量比例/%	面孔率/%	面积比例/%	数量比例/%	面孔率/%	面积比例/%	
含灰含云泥岩	9.06	81.57	4.62	50.98	0.00	0.00	0.00	16.02	4.43	48.89	2.42	0.01	0.13	1
泥质灰岩	5.05	85.95	3.77	76.08	2.10	0.17	2.92	7.07	1.07	20.24	4.89	0.02	0.28	6
含泥灰岩	3.25	70.41	1.11	39.23	9.29	0.17	5.62	9.82	1.92	53.55	10.47	0.04	1.60	5
含云含泥灰岩	1.82	0.00	0.00	0.00	96.75	0.89	49.14	3.25	0.93	50.86	0.00	0.00	0.00	1
灰岩	0.53	41.81	0.12	22.88	54.60	0.16	29.36	3.59	0.25	47.77	0.00	0.00	0.00	2
灰泥互层	4.82	51.51	1.28	26.59	34.30	0.26	5.38	12.84	3.28	68.00	1.36	0.00	0.04	1
灰质云岩	12.54				96.25	7.28	58.05	3.75	5.26	41.95	0.00	0.00	0.00	1
泥质云岩	11.04	77.27	7.16	58.91	6.65	1.88	22.10	3.09	1.92	18.30	12.99	0.08	0.70	3
含灰云岩	18.91	0.00	0.00	0.00	90.83	4.31	22.80	6.03	14.59	77.17	3.14	0.01	0.03	1
含泥云岩	9.32	17.76	0.10	1.04	65.85	8.35	89.51	2.29	0.85	9.25	14.10	0.02	0.20	3
含泥含灰云岩	10.97	0.00	0.00	0.00	94.04	4.66	42.46	5.96	6.31	57.54	0.00	0.00	0.00	1

1. 泥岩类

通过 18 个泥岩类样品 83861 个孔隙孔径及孔隙面积统计,泥岩类样品的总面孔率为 5.39%～11.42%,平均面孔率为 7.88%,总孔隙平均孔径为 108.89～887.70nm。泥岩类的孔隙类型主要为粒间孔和溶蚀孔,发育少量方解石晶内孔,局部发育黄铁矿晶间孔,晶内孔和晶间孔的面孔率很小(表 4.4)。泥质粒间孔数量最多且面孔率贡献最大,数量比例为 79.17%～95.97%。粒间孔提供的面孔率为 2.32%～9.31%,面积比例为 25.47%～95.29%,平均值为 67.71%。泥岩类样品中的溶蚀孔多为方解石溶蚀孔,主要分布于灰质泥岩和含灰泥岩中。溶蚀孔数量占总孔隙量的 0.33%～72.37%,平均值为 11.75%;面孔率的贡献较大,面孔率为 0.25%～6.79%,面积比例平均值为 30.87%。晶内孔最发育的泥岩样品中其数量比例达 18.66%,平均值为 3%左右,孔径主要集中在 100nm 以下,面孔率贡献微小,面积比例平均为 0.24%。通过对比不同岩性的泥岩类样品,认为灰质泥岩和含灰泥岩为渤海湾盆地沙河街组页岩油储层中孔隙发育较好的岩石类型,平均面孔率分别为 7.92%和 6.97%。

泥岩类样品的孔隙孔径总体小于 1000nm,其中小于 100nm 的孔隙最多,数量比例为 37.13%,面积比例占 0.80%。其次为分布于 100～200nm 的孔隙较多,数量比例为 21.86%,面积比例为 2.46%。孔径小于 1000nm 的孔隙数量比例为 94.64%,孔隙面积比例仅为 27.62%。孔隙孔径大于 1000nm 的数量比例为 5.36%,孔隙面积比例为 72.38%。孔径大于 3000nm 的孔隙数量比例仅为 1.24%,孔隙面积比例为 53.23%。显然,泥岩类的孔隙面积主要由大于 1000nm 的微米级孔隙所提供(图 4.18)。

表 4.4　泥岩类样品定量分析统计总表

井号	深度/m	岩性	总面孔率/%	粒间孔			晶间孔			溶蚀孔			晶内孔			总孔隙平均孔径/nm	备注
				数量比例/%	面孔率/%	面积比例/%	数量比例/%	面孔率/%	面积比例/%	数量比例/%	面孔率/%	面积比例/%	数量比例/%	面孔率/%	面积比例/%		
罗69井	2932.57	灰质泥岩	7.24	90.16	6.62	91.44	0.00	0.00	0.00	1.20	0.47	6.49	8.64	0.15	2.07	184.61	
	2931.55	灰质泥岩	7.06	93.59	6.01	85.13	0.00	0.00	0.00	4.71	1.05	14.87	1.70	0.00	0.00	323.19	
	2940.09	灰质泥岩	7.91	64.88	3.54	44.75	0.68	0.00	0.00	33.43	4.36	55.12	1.02	0.01	0.13	671.90	
	3029.18	灰质泥岩	5.39	93.76	4.22	78.29	0.00	0.00	0.00	4.72	1.16	21.52	1.52	0.01	0.19	214.72	
	2932.57	灰质泥岩	10.05	79.17	6.96	69.25	0.19	0.01	0.10	1.99	3.01	29.95	18.66	0.07	0.70	190.73	氩离子
	3029.18	灰质泥岩	5.52	95.97	5.26	95.29	0.55	0.00	0.00	2.99	0.25	4.53	0.49	0.01	0.18	108.89	氩离子
樊页1井	3071.20	灰质泥岩	11.25	92.95	5.79	51.47	0.00	0.00	0.00	0.33	5.45	48.44	6.71	0.01	0.09	364.26	
	3215.98	含灰泥岩	6.44	91.98	3.81	59.16	1.05	0.02	0.31	3.54	2.59	40.22	3.44	0.02	0.31	146.00	氩离子
	3383.54	含灰泥岩	6.18	93.05	5.73	92.72	0.00	0.00	0.00	6.95	0.45	7.28	0.00	0.00	0.00	139.79	氩离子
	3123.20	含灰云质泥岩	8.91	89.00	4.35	48.82	0.96	0.36	4.04	10.04	4.20	47.14	0.00	0.00	0.00	335.52	
牛页1井	3451.04	灰质泥岩	6.11	91.75	4.64	75.94	0.05	0.02	0.33	7.56	1.45	23.73	0.65	0.00	0.00	213.40	
	3322.50	灰质泥岩	11.42	79.60	9.31	81.52	3.12	0.11	0.96	17.29	2.00	17.51	0.00	0.00	0.00	887.70	氩离子
	3302.90	含灰泥岩	8.30	87.07	3.67	44.22	3.89	0.87	10.48	7.62	3.75	45.18	1.42	0.02	0.24	365.72	氩离子
	3323.47	含灰含云泥岩	9.06	81.57	4.62	50.99	0.00	0.00	0.00	16.02	4.43	48.90	2.42	0.01	0.11	344.82	
利页1井	3622.33	灰质泥岩	7.87	81.36	4.49	57.05	3.72	0.28	3.56	12.59	3.10	39.39	2.33	0.01	0.13	416.47	
	3673.53	灰质泥岩	7.44	92.06	5.54	74.46	4.01	0.15	2.02	3.93	1.76	23.66	0.00	0.00	0.00	531.21	
	3833.40	灰质泥岩	9.11	27.63	2.32	25.47	0.00	0.00	0.00	72.37	6.79	74.53	0.00	0.00	0.00	515.59	
	3786.35	灰质泥岩	6.59	92.48	6.11	92.72	0.00	0.00	0.00	4.15	0.47	7.13	3.38	0.01	0.15	248.24	

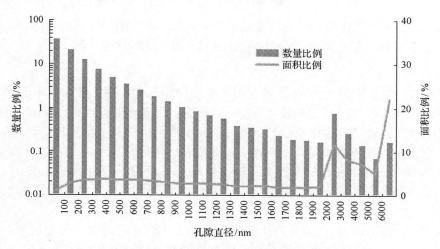

图 4.18　泥岩类样品的孔隙数量和孔隙面积分布统计

1）灰质泥岩

灰质泥岩中泥质含量大于 50%，方解石含量为 25%～50%，白云石含量小于 10%。13 个灰质泥岩样品 63891 个孔隙定量分析统计表明，灰质泥岩的总面孔率为 5.39%～11.42%，平均面孔率为 7.92%。主要的孔隙空间为泥质粒间孔，孔隙数量比例为 27.63%～95.97%，粒间孔提供的面孔率为 2.32%～9.31%，孔隙面积比例平均值为 70.98%。次级的孔隙空间为溶蚀孔，数量比例为 0.33%～72.37%，溶蚀孔提供的面孔率为 0.25%～6.79%，孔隙面积比例平均值为 28.22%。另外，发育少量的晶间孔和晶内孔，平均数量分别占孔隙总量的 0.95% 和 3.47%，面积比例平均值分别为 0.54% 和 0.28%。

孔隙孔径小于 100nm 的数量占孔隙总量的 35.25%，但孔隙面积比例仅为 0.74%（图 4.19）。孔径小于 1000nm 的孔隙数量占孔隙总量的 94.32%，孔隙面积比例仅为 28.02%。孔隙孔径大于 1000nm 的数量只占孔隙总量的 5.68%，孔隙面积比例为 71.98%。

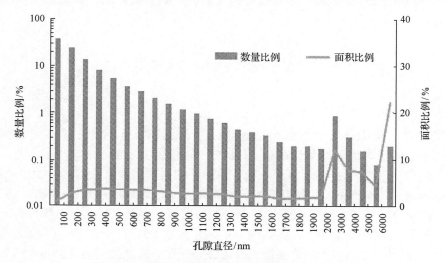

图 4.19　灰质泥岩的孔隙数量和孔隙面积分布统计

孔径大于 3000nm 的孔隙数量只占孔隙总量的 0.71%，孔隙面积比例为 40.91%。显然，灰质泥岩孔隙面积贡献主要由大于 1000nm 的微米级孔隙所提供。

2）含灰泥岩

含灰泥岩中泥质含量大于 50%，方解石含量为 10%～25%，白云石含量小于 10%。3 个含灰泥岩样品 12047 个孔隙定量统计表明，含灰泥岩的总面孔率为 6.18%～8.30%，平均面孔率为 6.97%。主要的孔隙类型为粒间孔，其次为溶蚀孔。粒间孔的数量比例为 87.07%～93.05%，提供的面孔率为 3.67%～5.73%，孔隙面积比例平均值为 65.37%。溶蚀孔的数量比例为 3.54%～7.62%，提供的面孔率为 0.45%～3.75%，孔隙面积比例平均值为 30.89%。晶间孔和晶内孔发育较差，平均数量分别为 1.65% 和 1.62%，面积比例平均值分别为 3.60% 和 0.18%。

孔隙孔径小于 100nm 的数量占孔隙总量的 52.64%，但孔隙面积比例仅为 1.25%（图 4.20）。孔径小于 1000nm 的孔隙数量占孔隙总量的 96.66%，孔隙面积比例仅为 23.37%。孔隙孔径大于 1000nm 的数量只占孔隙总量的 3.34%，孔隙面积比例为 76.63%。孔径大于 3000nm 的孔隙数量只占孔隙总量的 0.63%，孔隙面积比例为 58.75%。含灰泥岩孔隙面积贡献主要由大于 1000nm 的微米级孔隙所提供。

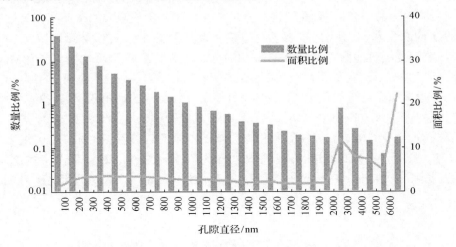

图 4.20　含灰泥岩的孔隙数量和孔隙面积分布统计

2. 灰岩类

通过 15 个灰岩类样品 37626 个孔隙孔径及孔隙面积统计，灰岩类样品的总面孔率为 0.51%～6.64%，平均面孔率为 3.61%，总孔隙平均孔径为 71.85～288.71nm。孔隙类型以粒间孔为主，其次为晶间孔（表 4.5）。泥质粒间孔的数量比例为 25.70%～99.30%，平均值为 66.86%；提供的面孔率为 0.12%～5.77%，面积比例为 9.11%～100%，平均值为 48.53%。由于方解石含量大于 50%，视域内局部发育方解石晶间孔，方解石晶间孔的孔径偏小，数量比例平均值为 19.95%，提供面孔率为 0.01%～0.89%，面积比例平均值为 10.58%。灰岩类样品中不同程度地发育溶蚀孔，孔隙数量比例为 0.35%～33.99%，平均值为 7.65%；面积比例为 12.35%～90.41%，平均值为 40.26%。镜下观察显示方解石

表 4.5　灰岩类样品定量分析统计总表

井号	深度/m	岩性	总面孔率/%	粒间孔 数量比例/%	粒间孔 面孔率/%	粒间孔 面积比例/%	晶间孔 数量比例/%	晶间孔 面孔率/%	晶间孔 面积比例/%	溶蚀孔 数量比例/%	溶蚀孔 面孔率/%	溶蚀孔 面积比例/%	晶内孔 数量比例/%	晶内孔 面孔率/%	晶内孔 面积比例/%	总孔隙平均孔径/nm	备注
罗69井	3065.08	灰岩	0.54	25.70	0.12	22.22	69.28	0.19	35.19	5.01	0.23	42.59	0.00	0.00	0.00	71.85	氩离子
	3028.95	灰岩	0.51	57.91	0.12	23.53	39.92	0.12	23.53	2.16	0.27	52.94	0.00	0.00	0.00	117.13	氩离子
	3111.50	含泥灰岩	4.77	64.48	1.56	32.70	5.33	0.15	3.14	7.69	2.96	62.05	22.50	0.10	2.10	214.97	
	3065.08	含泥灰岩	1.68	76.96	1.03	61.31	0.63	0.01	0.60	10.42	0.56	33.33	11.99	0.08	4.76	152.19	
	3041.65	含泥灰岩	4.17	62.10	0.38	9.11	0.00	0.00	0.00	27.39	3.77	90.41	10.51	0.02	0.48	243.58	氩离子
	3069.57	含泥灰岩	2.93	90.57	0.79	26.96	0.10	0.55	18.77	3.27	1.57	53.58	6.06	0.02	0.68	288.71	氩离子
	3129.45	含泥灰岩	2.68	57.94	1.77	66.04	40.41	0.15	5.60	0.35	0.76	28.36	1.29	0.00	0.00	114.31	氩离子
	3028.90	泥质灰岩	4.64	64.30	2.82	60.78	0.82	0.04	0.86	33.99	1.78	38.36	0.89	0.00	0.00	224.93	
	3110.90	泥质灰岩	5.50	89.66	4.30	78.18	7.69	0.27	4.91	1.65	0.93	16.91	1.00	0.00	0.00	254.28	
	3051.25	泥质灰岩	3.71	99.30	3.71	100.00	0.00	0.00	0.00	0.00	0.00	0.00	0.70	0.00	0.00	231.11	
	2985.97	泥质灰岩	6.64	84.09	5.77	86.90	0.00	0.00	0.00	1.26	0.82	12.35	14.65	0.05	0.75	105.88	氩离子
	2986.00	泥质灰岩	3.66	89.94	2.93	80.05	0.55	0.03	0.82	4.17	0.59	16.12	5.35	0.01	0.27	137.39	氩离子
樊页1井	3360.44	含云含泥灰岩	1.82	0.00	0.00	0.00	96.75	0.89	48.90	3.25	0.93	51.10	0.00	0.00	0.00	109.03	氩离子
牛页1井	3401.05	灰泥互层	4.82	51.51	1.28	26.56	34.30	0.26	5.39	12.84	3.28	68.05	1.36	0.00	0.00	207.65	氩离子
利页1井	3760.97	泥质灰岩	6.13	88.39	3.10	50.57	3.52	0.67	10.93	1.33	2.31	37.68	6.76	0.04	0.65	239.91	氩离子

晶内孔在不同样品中发育情况不同，与方解石的胶结程度和晶形保留完好程度相关，晶形较完好的颗粒表面晶内孔偏多。根据定量统计，灰岩类晶内孔数量比例平均值为5.54%，提供的面孔率仅平均值为0.02%，面积比例平均值为0.65%。通过对比不同岩性的灰岩类样品，认为泥质灰岩和含泥灰岩为灰岩类中面孔率较好的岩石类型，平均总面孔率分别为5.05%和3.25%。灰岩面孔率最差，平均总面孔率为0.53%。

　　灰岩类样品随着孔径的不断增大，孔隙发育数量逐渐减少。孔径总体小于1000nm，其中小于100nm的孔隙最多，数量比例为56.16%，面积比例为2.98%。其次为分布于100～200nm的孔隙较多，数量比例为20.57%，面积比例为6.27%。孔径小于1000nm的孔隙数量占孔隙总量的98.49%，孔隙面积比例仅为46.26%。孔隙孔径大于1000nm的数量占孔隙总量的1.51%，孔隙面积比例为53.74%。孔径大于3000nm的孔隙数量只占孔隙总量的0.12%，孔隙面积比例为24%（图4.21）。与泥岩类样品对比，灰岩类孔径整体偏小，小于1000nm孔隙的面积比例略高于泥岩类。根据对孔隙的面孔率和分布孔径对比，认为泥岩类的孔隙发育优于灰岩类。

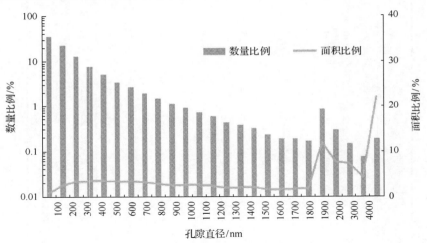

图 4.21　灰岩类样品的孔隙数量和孔隙面积分布统计

　1）泥质灰岩

　　泥质灰岩中，泥质含量为25%～50%，方解石含量大于白云石含量，白云石含量小于10%。6个泥质灰岩样品19393个孔隙统计表明，泥质灰岩的总面孔率为3.66%～6.64%，平均面孔率为5.05%。主要的孔隙类型为粒间孔，其次为溶蚀孔，晶间孔和晶内孔发育较差。粒间孔的数量占孔隙总量的64.30%～99.30%，提供的面孔率为2.82%～5.77%，孔隙面积比例平均值为76.08%。溶蚀孔的数量占孔隙总量的平均值为7.07%，提供的面孔率为0.59%～2.31%，孔隙面积比例平均值为20.24%。

　　孔径小于100nm的孔隙数量占孔隙总量的47.97%，孔隙面积比例仅2.67%（图4.22）。孔径小于1000nm的孔隙数量占孔隙总量的98.18%，孔隙面积比例为44.60%。孔径大于1000nm的孔隙数量只占1.82%，但孔隙面积贡献55.4%。孔隙面积比例较大的孔径范围为2000～5000nm，这一孔径范围的孔隙面积比例为39.90%。

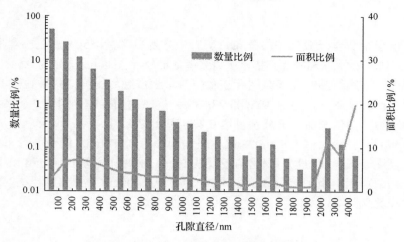

图 4.22　泥质灰岩的孔隙数量和孔隙面积分布统计

2)含泥灰岩

含泥灰岩中,泥质含量为 10%～25%,方解石含量大于 50%,白云石含量小于 10%。5 个含泥灰岩样品 10321 个孔隙定量统计,含泥灰岩的总面孔率为 1.68%～4.77%,平均面孔率为 3.25%。含泥灰岩主要储集空间类型为泥质粒间孔,孔隙数量占孔隙总量的 57.94%～90.57%,面孔率为 0.38%～1.77%,孔隙面积比例平均值为 39.22%。次要储集空间为溶蚀孔,孔隙数量占孔隙总量的 0.35%～27.39%,面孔率为 0.56%～3.77%,孔隙面积比例平均值为 53.55%。晶间孔数量比例平均值为 9.29%,提供的面孔率平均值为 5.62%。

孔径小于 100nm 的孔隙数量占 58.8%,孔隙的面积比例仅 2.17%(图 4.23)。孔径小于 1000nm 的孔隙数量占孔隙总量的 98.23%,孔隙的面积比例为 41.22%。孔径大于 1000nm 的孔隙数量只占孔隙总量的 1.77%,但孔隙的面积比例为 58.78%。孔隙面积比例较大的孔径范围为 2000～5000nm,这一孔径范围的孔隙的面积比例为 38.87%。

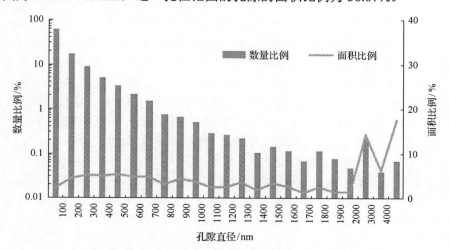

图 4.23　含泥灰岩的孔隙数量和孔隙面积分布统计

3) 灰岩

页岩油层段中灰岩一般呈夹层分布，灰岩中方解石含量＞50%，泥质含量＜10%，白云石含量＜10%。两个灰岩样品扫描电子显微镜定量分析总面孔率分别为0.54%和0.51%，孔隙发育很差。方解石晶间孔和粒间孔在孔隙数量上占绝对优势，两种孔隙的数量总和占样品孔隙总量的比例分别为94.98%和97.83%，提供的面孔率分别为0.31%和0.24%。数量较少的溶蚀孔提供的面孔率分别可达0.23%和0.27%。

灰岩样品的孔径最大值为2023.23nm，平均孔径为85.81nm。随着孔径范围的增大，孔隙发育数目逐渐减少，同时面积比例逐渐减少，孔隙集中发育在100nm以下，数量比例为77.19%，面积比例为12.91%（图4.24）。小于1000nm的孔隙数量占孔隙总量的99.70%，面积比例达86.44%。

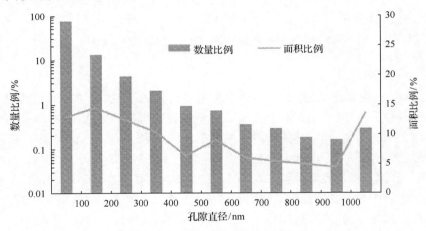

图 4.24　灰岩的孔隙数量和孔隙面积分布统计

3. 云岩类

通过9个云岩类样品30679个孔隙孔径及孔隙面积资料统计，云岩类样品的总面孔率为6.69%～18.91%，平均面孔率为11.5%，平均孔隙孔径为161.51～2018.00nm，孔隙类型以粒间孔和晶间孔为主（表4.6）。在不同岩性的云岩样品中，以下两种孔隙的发育情况存在差异：在泥质含量较高的样品（如泥质云岩）中，主要孔隙以泥质粒间孔为主，最大数量比例为89.34%。在泥质含量较少（＜25%）且白云石矿物颗粒晶型保留完好的样品中，白云石晶间孔较为发育。总体来看，全部云岩类样品中晶间孔的数量比例为5.78%～98.39%，平均比例55.40%；提供面孔率2.17%～9.34%，晶间孔面积比例为14.34%～93.79%，平均值为50.90%。粒间孔平均数量比例为31.68%，平均面积比例为19.98%。溶蚀孔主要为白云石溶蚀孔，数量比例为0.29%～6.44%，平均比例仅为3.54%。溶蚀孔的面孔率为0.04%～14.59%，平均值为3.83%，面积比例平均值为28.81%，高于泥质粒间孔的面积比例。晶内孔在白云石晶面上大量发育，最高数量比例达到32.56%，平均数量比例为9.38%，面积比例仅为0.3%。因此，白云石含量越高的样品晶间孔和溶蚀孔越发育，容易形成微米级孔隙。云岩类的主要岩性为泥质云岩，在云岩样品中泥质云岩的面孔率中等，平均面孔率为11.04%，但依然高于泥岩类和灰岩类样品。

表 4.6 云岩类样品定量分析统计总表

井号	深度/m	岩性	总孔率/%	粒间孔			晶间孔			溶蚀孔			晶内孔			总孔隙平均孔径/nm	备注
				数量比例/%	面孔率/%	面积比例/%	数量比例/%	面孔率/%	面积比例/%	数量比例/%	面孔率/%	面积比例/%	数量比例/%	面孔率/%	面积比例/%		
罗69井	3133.55	灰质云岩	12.54	0.00	0.00	0.00	96.25	7.28	58.05	3.75	5.26	41.95	0.00	0.00	0.00	628.80	氩离子
	3333.00	泥质云岩	11.27	62.39	6.03	53.54	0.00	0.00	0.00	6.44	5.05	44.79	31.18	0.19	1.67	281.96	
	3114.19	泥质云岩	6.69	89.34	2.55	38.09	5.78	3.48	51.96	2.56	0.66	9.85	2.33	0.01	0.10	267.76	氩离子
	3198.15	泥质云岩	15.16	80.08	12.90	85.09	14.18	2.17	14.34	0.29	0.04	0.25	5.46	0.05	0.32	2018.00	氩离子
樊页1井	3433.30	含灰云岩	18.91	0.00	0.00	0.00	90.83	4.31	22.80	6.03	14.59	77.17	3.14	0.01	0.03	319.64	
	3411.44	含泥云岩	9.96	53.27	0.31	3.13	10.88	9.34	93.79	3.29	0.26	2.60	32.56	0.05	0.47	161.51	氩离子
	3433.30	含灰云岩	10.97	0.00	0.00	0.00	94.04	4.66	42.46	5.96	6.31	57.54	0.00	0.00	0.00	262.16	氩离子
牛页1井	3450.56	含泥云岩	10.06	0.00	0.00	0.00	88.28	8.60	85.45	1.97	1.45	14.42	9.75	0.01	0.13	1134.40	
	3428.43	含泥云岩	7.95	0.00	0.00	0.00	98.39	7.10	89.28	1.61	0.85	10.72	0.00	0.00	0.00	582.66	

　　白云岩类样品随着孔径的不断增大，孔隙发育数量逐渐减少，孔隙面积逐渐增大（图 4.25）。孔径小于 1000nm 的孔隙数量占孔隙总量的 87.60%，面积比例仅为 9.74%。孔隙孔径大于 1000nm 的数量占孔隙总量的 12.4%，面积比例为 90.26%。云岩类的孔隙主要为微米级孔隙，孔径最大值接近 20μm，面孔率贡献由微米级孔隙提供。孔径大于 3000nm 的孔隙数量只占孔隙总量的 2.61%，孔隙面积贡献为 64.62%。孔径大于 7000nm 的孔隙数量仅为 0.46%，孔隙面积比例为 31.13%。从孔隙的面孔率和分布孔径两方面进行对比，认为白云岩类是三大岩类中孔隙发育最好的岩石类型。

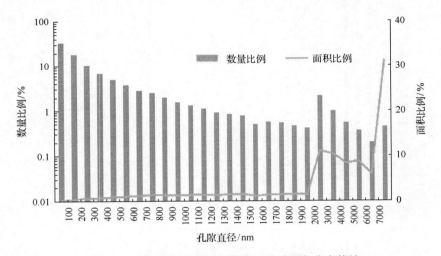

图 4.25　云岩类样品的孔隙数量和孔隙面积分布统计

　　泥质云岩中泥质含量为 25%～50%，白云石含量不小于方解石含量，灰质含量小于 10%。通过 3 个泥质云岩样品 7898 个孔隙定量统计表明，泥质云岩的总面孔率为 6.69%～15.16%，平均面孔率为 11.04%。由于泥质含量较高，泥质粒间孔发育，粒间孔的数量占孔隙总量的 62.39%～89.34%，提供的面孔率为 2.55%～12.90%，孔隙面积贡献平均值为 58.91%。白云石晶内孔的数量比例平均值为 12.99%，面积比例平均值仅为 0.7%。晶间孔和溶蚀孔的数量比例平均值分别为 6.65% 和 3.10%，孔隙面积贡献平均值分别为 22.10% 和 18.30%。

　　孔隙孔径小于 100nm 的数量占孔隙总量的 42.79%，但孔隙面积比例仅为 0.31%（图 4.26）。孔径小于 1000nm 的孔隙数量占孔隙总量的 88.71%，孔隙面积比例仅为 7.73%。孔径大于 1000nm 的数量占孔隙总量的比例大于 10%，孔隙面积比例达 92.27%。孔径大于 3000nm 的孔隙数量只占孔隙总量的 3.55%，孔隙面积比例为 70.67%。这就表明泥质云岩的孔隙面积贡献主要由微米级孔隙提供，同时微米级孔隙比例高于泥岩类和灰岩类。

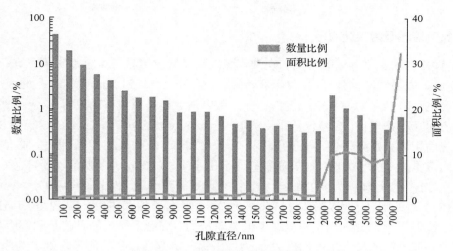

图 4.26　泥质云岩的孔隙数量和孔隙面积分布统计

综上所述，渤海湾盆地沙河街组页岩油储层微观孔隙主要由纳米级和微米级孔隙组成，总体上孔径小于 1000nm 的孔隙数量占孔隙总量的 90%～98%，孔隙数量随着孔径的增大呈指数式急剧下降。储层孔隙面积主要由在数量上不占优势的微米级孔隙提供。

对比三大岩类的微米级孔隙及面孔率定量结果，云岩类的微米级孔隙占孔隙总量的 10% 左右，孔隙面积比例达 90% 左右，面孔率普遍高于 10%，孔隙面积主要由晶间孔和溶蚀孔提供，其次为粒间孔。泥岩类微米级孔隙占孔隙总量的 5% 左右，孔隙面积比例为 70% 左右，面孔率为 6%～9%，粒间孔和溶蚀孔是主要的储集空间。灰岩类的微米级孔隙不到 2%，孔隙面积比例约为 55%，面孔率主要分布在 0.5%～5%，孔隙面积贡献主要来自粒间孔和溶蚀孔。因此，云岩类的孔隙发育最好，其次为泥岩类，灰岩类较差。

通过对 5 种主要岩性的孔隙发育进行对比，云岩类中泥质云岩的孔隙发育最好，平均面孔率为 11.04%。灰质泥岩和含灰泥岩的孔隙发育次之，平均面孔率分别为 7.92% 和 6.97%。泥质灰岩和含泥灰岩孔隙较差，平均面孔率分别为 5.05% 和 3.25%，但依然优于灰岩类中的其他岩石类型。

4.3　基于氮气等温吸附的孔隙结构表征

高分辨率背散射图像法测量的孔径范围为 3nm～10μm（中孔和大孔范围），但受到放大倍数的限制，对于中孔（2～50nm）的孔隙定量精确度不够，同时扫描电子显微镜图像法为二维表征方法，可观察二维图像下的孔隙形态，难以表征复杂的纳米孔隙结构特征。基于氮气等温吸附原理及计算模型，应用氮气等温吸附实验能够计算 50nm 以内孔隙的孔径分布，分析连通孔隙的结构特征，弥补扫描电子显微镜图像法的不足。本节通过分析吸附-脱附等温线形态，计算样品的孔径分布、比表面积、孔体积和分形维数等参数，分析页岩油储层孔隙结构和中孔的孔径分布特征。

4.3.1 氮气等温吸附实验原理

　　68 件样品的氮气等温吸附实验在油气藏地质及开发工程国家重点实验室(成都理工大学)完成，样品经洗油处理后用玛瑙研钵研磨至 70 目(<212μm)粉末，实验前所有样品都需经过 6h，150℃抽真空脱气预处理，用以消除样品中残留的束缚水、毛细管水分和材料表面吸附的气体。实验仪器采用美国 Quatachrome 公司的 QUADRASORB SI 型全自动比表面积和孔径分析仪，电压条件为 100～220kV、50/60Hz，等温吸附–脱附实验的相对压力范围为 0.00～0.995，比表面积检测范围小于 0.0005m^2/g，测量孔径范围为 0.35～400nm，最小检测孔体积为 0.0001cm^3/g，微孔区段分辨率达 0.02nm(图 4.27)。利用纯度为 99.999%的高纯氮气作为吸附质，在 77K 下升高压力至氮气饱和蒸汽压 P_0(P_0 为 0.101MPa)，然后逐步降低压力，分别测定样品在不同相对压力(P/P_0)下氮气的吸附量和解吸量。以体系压力与氮气饱和蒸汽压的比值 P/P_0 为横坐标，单位质量样品的吸附量 V 为纵坐标，利用等温物理吸附静态容积法原理绘制氮气吸附–脱附等温线。

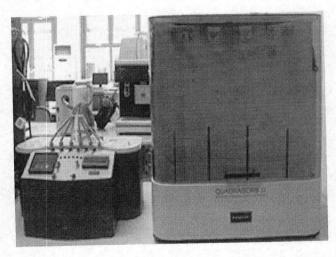

图 4.27　QUADRASORB SI 型全自动比表面积和孔径分析仪

　　吸附是指在液–气、固–气、固–液和液–液系统中，两相界面层中一种或多种组分的浓度与体相中的浓度发生改变的现象。界面浓度高于本体相浓度称为正吸附作用；有些溶液浓度低于本体相浓度，这种情况称为负吸附作用。被吸附的物质称为吸附质，具有吸附作用的物质称为吸附剂。吸附作用可以分为两种类型：一种为物理吸附，即吸附质分子与吸附剂之间的作用力是范德华引力；另一种为化学吸附，即吸附质分子与吸附剂之间形成表面化学键，在此仅讨论物理吸附(严继民等，1986)。

　　气体在每克固体表面的吸附量 V 依赖于气体的性质、固体表面的性质、吸附平衡温度 T 及吸附质的平衡压力 P。其函数关系可以表示为

$$V = f(T, P, 气体, 固体) \tag{4.1}$$

当给定了吸附剂、吸附质及吸附平衡温度后，吸附量 V 就只是吸附质的平衡压力 P 的函数：

$$V = f(P)_{T, \text{气体, 固体}} \tag{4.2}$$

当吸附平衡温度 T 在吸附质的临界温度以下时，吸附质的平衡压力通常用相对压力 $x(x = P/P_0)$ 来表示，P_0 为吸附质在吸附温度 T 时的饱和蒸汽压，此时有

$$V = f(x)_{T, \text{气体, 固体}} \tag{4.3}$$

按照式(4.2)或式(4.3)由 V 对 P 或 x 作图得到的曲线称为吸附等温线，如图 4.28(a) 所示。

但是，当相对压力由 0 升至 x_i 达到吸附平衡时的吸附量 $V_{升}$，与相对压力由 $x = 1$ 降至同一相对压力 x_i 达到吸附平衡时的吸附量 $V_{降}$ 不相等时，即产生吸附回线，又称滞后回线[图 4-28(b)]。

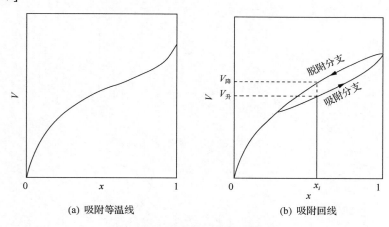

(a) 吸附等温线　　　　　　(b) 吸附回线

图 4.28　吸附等温线和吸附回线

基于 Langmuir(1917)推导的单分子吸附模型等温吸附式，吸附过程在低压段($0 < P/P_0 < 0.4$)存在单层吸附，低压段吸附–脱附等温线能够较好地重合。根据 BET 方程相对压力进入中压段($0.4 < P/P_0 < 0.8$)后，吸附先发生多分子层吸附，孔壁上的吸附层达到足够厚度时会产生凝聚现象。Kelvin 从热力学公式中推导出了毛细孔凝聚理论的方程，认为孔隙中发生毛细凝聚后，孔隙内由于聚集凝聚而形成弯曲液面(汪志诚，2003)。同时，利用 Kelvin 方程能够计算毛细孔凝聚时相对压力与孔径大小的对应关系。

但是需要注意的是，吸附过程由孔壁的多分子层吸附和孔中凝聚两种因素产生，而脱附仅由毛细管凝聚所引起。这就是说，吸附时先发生多分子层吸附，只有当孔壁上的吸附层达到足够厚度时才能发生凝聚现象。在与吸附相同的相对压力下(P/P_0)脱附时，仅发生在毛细管中液面上的蒸汽脱附，却不能使 P/P_0 下吸附的分子脱附；若使其脱附，就需要更小的 P/P_0，故出现脱附的滞后现象，实际上该现象就是相同 P/P_0 下吸附的不可逆性造成的。因此，滞后回线与孔隙的毛细孔凝聚作用相关，每一种滞后回线类型均能够反映一定的孔隙结构特征。采用吸附过程的数据计算的孔径大小结果较为准确，采用脱附过程的数据计算将会导致误差。

4.3.2　氮气吸附等温线特征

气体在固体表面的吸附状态多样，通过吸附等温线可以进行吸附质在吸附剂表面的运动状态研究，也可以进行吸附剂表面结构与性质的研究。

1. 等温吸附线类型

1940年，Brunaner等提出了Ⅰ型到Ⅴ型5种等温吸附线类型，之后，IUPAC增加了Ⅵ型吸附等温线(Sing et al., 1985)。除Ⅰ型和Ⅵ型外，其他4种类型的等温吸附线和脱附线往往发生分离形成滞后回线。IUPAC(Sing et al., 1985)在De Boer(1958)划分的5种滞后回线分类的基础上进行改进，将滞后回线类型划分为H_1、H_2、H_3和H_4 4种类型(图4.29)。

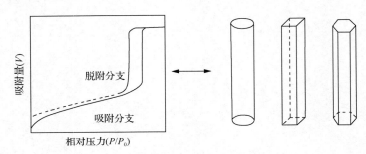

(a) H_1型滞后回线对应两端开放的毛细孔

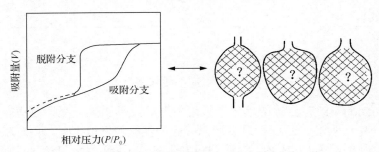

(b) H_2型滞后回线对应细颈广体孔(墨水瓶形孔)

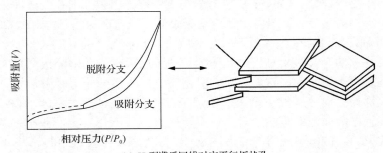

(c) H_3型滞后回线对应平行板状孔

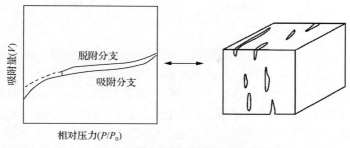

(d) H_4 型滞后回线对应狭缝孔(微孔性)

图 4.29　四种滞后回线分类及孔隙类型(Sing et al., 1985)

1) H_1 型

H_1 型滞后回线相对狭窄,两个分支几乎垂直于 P/P_0 轴,且几乎相互平行,发生凝聚和蒸发时的相对压力比较居中[图 4.29(a)]。这表明多孔介质的尺寸和排列都十分均匀,对应很窄的孔隙,如两端都开放的圆筒状毛细孔。当发生毛细孔凝聚时,气液界面为圆筒状孔内壁的圆柱面;发生脱附时,气液界面是以圆筒状孔孔径为直径的半球形,因此,吸附与脱附分支就会发生回线,脱附分支在吸附分支的左侧。

2) H_2 型

H_2 型滞后回线与 H_1 型恰好相反,回线较为宽大,吸附曲线变化缓慢,在相对压力较高时滞后线趋于平稳,脱附分支开始时较为稳定,到中等相对压力时变陡[图 4.29(b)]。这类孔隙的形状和大小不好定义,de Boer(1958)认为属于细颈广体(或墨水瓶形)结构的孔。随着相对压力的升高,吸附时"瓶身"的吸附层逐渐增厚直至孔隙被充满。随着相对压力降低发生脱附,半径相对较大处的孔隙内吸附质先解析出来。但由于未降低至"瓶口"处脱附时所需的压力,脱附通道被堵塞,"瓶身"内的吸附质不能脱出。只有当相对压力降低至"瓶口"处吸附质脱出所需压力时,整个孔隙内的吸附质才会全部脱附出来。因此,脱附曲线上存在滞后现象。

3) H_3 型

H_3 型滞后回线前半段缓慢上升,呈向上凸的形态,在较高相对压力时吸附分支变得很陡,没有吸附限制,脱附分支在中等相对压力时也变陡[图 4.29(c)]。de Boer(1958)认为其反映"平行壁的狭缝状毛细孔"。Sing 等(1985)和 Rouquerol 等(1994)将其细化为似片状颗粒组成的非刚性聚合物的槽状孔。由于气–液界面是大平面,只有当压力接近饱和蒸汽压时才发生毛细凝聚。气体分子脱附时,气–液界面为圆柱状,只有当相对压力满足一定条件时,蒸发才能开始。

4) H_4 型

H_4 型滞后回线在较宽的相对压力范围内几乎保持水平和相互平行的状态,孔隙与狭缝孔有关。与 H_3 型相比,H_4 型更水平,暗示微孔性[图 4.29(d)]。

2. 页岩油岩石吸附等温线类型

根据氮气等温吸附实验原理，脱附曲线纵坐标所反映的氮气量为样品中剩余的氮气量。在脱附过程中，受到孔隙孔径、孔隙结构和孔隙数量的综合影响，脱附曲线会出现陡与缓的差异，脱附分支拐点的差异在一定程度上反映该样品的孔隙结构及孔径分布差异。研究区 68 块样品中除 3 块云岩样品和 1 块云质泥岩样品外，其余 64 块样品均表现出 IUPAC 滞后回线分类中的 H_2 型和 H_3 型滞后回线的曲线形态。

综合分析全部样品滞后回线的曲线形态特征，认为渤海湾盆地沙河街组泥岩类和灰岩类样品脱附分支出现 3 处拐点。以樊页 1 井 108 样品为例（图 4.30）：拐点 A 出现高压区（$0.8 < P/P_0 < 1$）。曲线出现拐点 A 的相对压力（P/P_0）范围为 $0.9 \sim 0.98$，未脱出氮气量占总吸附氮气量的 $65.32\% \sim 96.66\%$。根据孔隙等效模型常用数据表推算，此时圆筒孔等效模型孔径为 $20.8 \sim 60.1 \mathrm{nm}$；平行板状孔等效模型孔径为 $12.37 \sim 32.67 \mathrm{nm}$（严继民等，1986），因此，拐点 A 所对应的孔隙已部分超出 $50 \mathrm{nm}$。

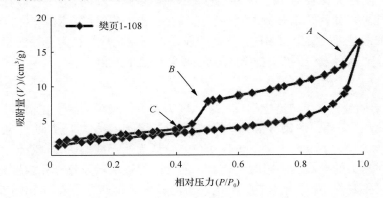

图 4.30　樊页 1 井 108 样品氮气吸附–脱附等温线

拐点 B 出现在中压段（$0.4 < P/P_0 < 0.8$），样品出现拐点 B 的相对压力（P/P_0）范围为 $0.49 \sim 0.53$，未脱出氮气量占总吸附氮气量的 $21\% \sim 72.61\%$，不同样品间剩余氮气量差异较大。根据孔隙等效模型常用数据表推算，此相圆筒孔等效模型孔径为 $4.4 \sim 4.8 \mathrm{nm}$，平行板孔等效模型孔径为 $3.03 \sim 3.26 \mathrm{nm}$。因此，拐点 B 的位置至关重要，不仅能够计算出脱附过程中 A-B 段的脱出氮气体积，反映出脱附分支 A-B 段曲线的形态特征，又能推断对应相对压力（P/P_0）下的孔隙孔径。根据样品在拐点 B 对应纵轴的剩余氮气量百分比，可粗略将样品拐点 B 的未脱出氮气量划分为 $\geqslant 50\%$、$30\% \sim 50\%$ 和 $\leqslant 30\%$ 3 种，则能够区分出不同样品脱附曲线拐点 B 的位置差异。

拐点 C 出现在低压段（$0 < P/P_0 < 0.4$）和中压段（$0.4 < P/P_0 < 0.8$）的交界处，样品出现拐点 C 的相对压力（P/P_0）范围为 $0.4 \sim 0.48$。根据孔隙等效模型常用数据表测算，此时圆筒孔等效模型孔径为 $3.6 \sim 4 \mathrm{nm}$，平行板状孔等效模型孔径为 $2.56 \sim 3 \mathrm{nm}$。未脱出氮气量占总吸附氮气量的 $0.42\% \sim 43.91\%$。进入低压段（$0 < P/P_0 < 0.4$）后，多层吸附及冷凝的氮气已完全脱出，脱附过程转变为氮气分子单层脱附，拐点 C 即出现在进入单层脱附形式的起点处。B—C 段曲线的缓—陡特征，取决于 B—C 段相对压力（P/P_0）变化下的脱出氮气量。由于拐点 B 距拐点 C 较近，且氮气脱附量大，B—C 段整体曲线陡。由于样品 B—C 段曲线变化特征相似，脱附曲

线平缓且与吸附曲线平行，故不再对拐点 C 未脱出氮气量和 B—C 段脱出氮气量进行划分。

在 IUPAC 滞后回线的分类基础上，分析 68 块样品的吸附–脱附等温线特征，以拐点 B 未脱出氮气量(对应的横纵轴位置)作为划分依据，将渤海湾盆地沙河街组页岩油储层样品的吸附–脱附等温线划分为 4 种类型(表 4.7)，以此为基础进一步分析孔隙的中孔孔径分布和不同岩性的孔隙结构特征。

表 4.7　渤海湾盆地沙河街组页岩油储层样品吸附-脱附等温线分类标准

类型	有/无拐点 B	拐点 B 未脱出氮气量/%	滞后回线类型	孔径分布体积频率/%		
				$0\sim10nm$	$10\sim20nm$	$20\sim50nm$
I	有	≥50	H_2 型和 H_3 型	70~80	10~20	<10
II	有	30~50	H_2 型和 H_3 型	50~70	10~30	10~20
III	有	≤30	H_2 型和 H_3 型	40~50	≈30	≈20
IV	无		H_3 型	≈20	≈30	40~50

3. 不同类型吸附–脱附等温线

依据渤海湾盆地沙河街组页岩油储层样品吸附–脱附等温线分类标准，68 块样品的吸附–脱附等温线具有 4 种不同的曲线特征，其中吸附分支的曲线特征相似。氮气吸附过程中随着相对压力 (P/P_0) 的逐渐增大，吸附曲线缓慢上升并略微凹向横轴。在中压段时，吸附曲线上升较快，吸附体积明显增大，吸附曲线拐点出现在高压段，表明接近孔径 50nm 的孔隙吸附氮气体积陡然增加。吸附曲线尾端上扬，表明具有大量孔径大于 50nm 的孔隙存在(图 4.31)。4 种吸附–脱附等温线的吸附分支斜率略有不同。

吸附–脱附等温线分类标准是建立在脱附分支拐点数据差异基础上的分类方法，4 种类型等温线的脱附分支特征差异明显。第 I 类吸附–脱附等温线样品 21 块[图 4.31(a)中以 9 块样品为例]，岩性主要包括灰质泥岩、泥质灰岩。氮气脱附至中压段拐点 B 处，拐点 B 对应的相对压力 (P/P_0) 为 0.49~0.53，未脱出氮气量占吸附氮气总量的 50.31%~72.61%，A—B 段脱出氮气量占吸附氮气总量的 18.56%~38.97%，随相对压力 (P/P_0) 减小，脱出氮气量明显增大，曲线下降幅度明显[图 4.31(a)]。根据 IUPAC 滞留回线分类，第 I 类曲线以 H_2 型滞后回线特征为主，偏轻微 H_3 型滞后回线形态，表明孔隙结构以细颈广体孔(墨水瓶形孔)为主，具有少量平行板状孔。

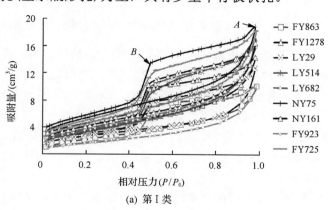

(a) 第 I 类

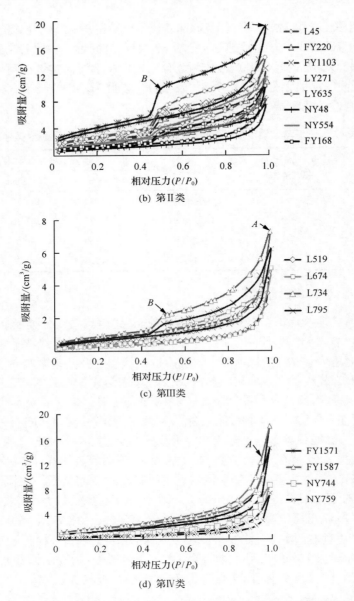

图 4.31　渤海湾盆地沙河街组页岩油储层不同类型吸附–脱附等温线

　　第Ⅱ类吸附–脱附等温线样品 36 块[图 4.31（b）中以 8 块样品为例]，主要岩性包括灰质泥岩、泥质灰岩和含云含灰泥岩。氮气脱附过程中，随相对压力（P/P_0）继续减小降至中压段拐点 B，拐点 B 对应的相对压力（P/P_0）为 0.5～0.54，未脱出氮气量占总吸附氮气量的 30.85%～49.74%，A-B 段脱出氮气量占吸附氮气总量的 27.55%～55.36%，随相对压力（P/P_0）减小脱出氮气量明显增大，曲线下降幅度明显[图 4.31（b）]。根据 IUPAC 滞后回线分类，第Ⅱ类曲线同时具有 H_2 型和 H_3 型滞后回线特征，孔隙结构为细颈广体孔（墨水瓶形孔）和平行板状孔。

　　第Ⅲ类吸附–脱附等温线的样品 7 块[图 4.31（c）中以 4 块样品为例]，岩性为灰质泥岩和泥质灰岩。氮气脱附至中压段拐点 B 时，拐点 B 对应的相对压力 (P/P_0) 为 0.5～0.54，未脱出氮气量占吸附氮气总量的 21.01%～29.01%，A—B 段脱出氮气量占吸附氮气总量的 47.04%～72.39%，随相对压力 (P/P_0) 减小脱出氮气量明显增大，B—C 段 x 轴相对压力 (P/P_0) 变化小，氮气量脱出较快，使得 B-C 段曲线陡减[图 4.31(c)]。根据 IUPAC 滞后回线分类，第Ⅲ类曲线以 H_3 型滞后回线特征为主，偏轻微 H_2 型滞后回线形态，表明孔隙结构以平行板状孔为主，具有少量细颈广体孔(墨水瓶形孔)。

第Ⅳ类吸附–脱附等温线样品 4 块，其中 3 块为白云岩类样品，1 块为泥质云岩样品。氮气脱附过程中，脱附曲线相对压力 (P/P_0) 降低至高压段拐点 A，此时相对压力 (P/P_0) 为 0.9，样品中未脱出氮气量约占吸附氮气总量的 45%。由于在高压区脱附氮气量大，脱附曲线整体凹向横轴。随相对压力 (P/P_0) 逐渐减小，中压段及低压段的脱附曲线下降平稳，直至与吸附曲线完全重合，表明吸附的氮气完全脱出，样品内未有残余[图 4.31(d)]。该类曲线具有 H_3 型滞后回线特征，孔隙结构为平行板状孔。

4.3.3 孔径分布

孔径分布是评价页岩油储层孔隙发育的重要参数之一。本节采用非定域密度函数理论(non-localized density function theory, NLDFT)分析研究页岩油储层的孔径分布，该方法适用于微孔(≤2nm)和中孔(2～50nm)全范围。Lastoskie 等(1993)首次将 NLDFT 用于微孔碳的孔径分析。2002 年 Quantachrome 公司将其应用在全自动比表面分析仪中的 Autosorb 应用软件中，独特的 NLDFT 和蒙特卡洛法(Monte Carlo method, MC)核心数据库可用于计算多种材料的微孔和中孔孔径分布并对吸附数据进行准确处理。孔径分布的计算是通过 GAI 方程将吸附等温线的内核和实验吸附等温线关联，GAI 方程式如下：

$$N\left(P/P_0\right) = \int_{r_{\min}}^{r_{\max}} \rho(P/P_0, r) f(r) \mathrm{d}r \qquad (4.4)$$

式中，P 为气体吸附的平衡压力，MPa；P_0 为气体在吸附温度下的饱和蒸汽压，MPa；$r_{\max}$ 和 $r_{\min}$ 分别为最大和最小孔径，nm；$\rho(P, r)$ 为孔径的宽度为 r、压力为 P 条件下氮气的平均密度，g/cm³；$f(r)$ 为孔径分布，nm。

依据 GAI 方程和 DFT 模型分别计算 68 个样品的孔隙孔径分布，并根据 4 种吸附等温线分别研究样品的孔径分布特征差异。

1. 第Ⅰ类

第Ⅰ类样品孔隙孔径对应的氮气吸附体积峰值均出现在 3～8nm，表明该类样品以 3～8nm 的孔隙为主。当孔隙直径大于 10nm 后，曲线较低且几乎与横轴重合，大于 10nm 的孔隙吸附氮气量少，孔隙数量较少[图 4.32(a)]。孔径为 0～10nm 的孔隙氮气吸附体积频率为 76.7%～88.6%，平均为 82.6%。孔径为 10～20nm 的孔隙吸附氮气体积频率为 7.03%～14.5%，平均为 11%。孔径为 20～50nm 的孔隙吸附氮气体积频率为 4.38%～9.69%，平均为 6.33%[图 4.32(b)]。因此，第Ⅰ类样品 50nm 孔径下的孔隙集中发育在 10nm 以下，孔体积高达 80%。

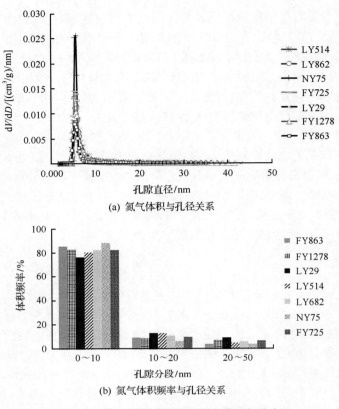

(a) 氮气体积与孔径关系

(b) 氮气体积频率与孔径关系

图 4.32　第 Ⅰ 类样品氮气吸附实验孔径分布

2. 第 Ⅱ 类

第 Ⅱ 类样品的孔径分布特征与第 Ⅰ 类样品相似，氮气吸附体积峰值出现在孔径为 3～8nm 的孔隙中。当孔隙直径大于 10nm 后，曲线较低且几乎与横轴重合，表明大于 10nm 的孔隙吸附氮气量少[图 4.33(a)]。

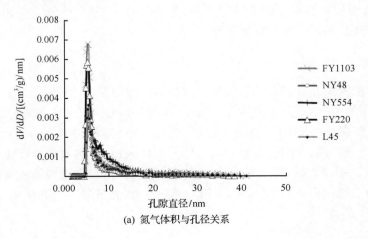

(a) 氮气体积与孔径关系

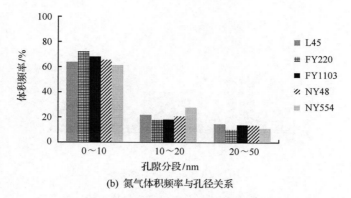

(b) 氮气体积频率与孔径关系

图 4.33　第Ⅱ类样品氮气吸附实验孔径分布

孔径在 0～10nm 的孔隙氮气吸附体积频率在 61.34%～72.21%，平均为 66.28%。孔径在 10～20nm 的孔隙吸附氮气体积频率在 17.69%～27.5%，平均为 21.1%。孔径在 20～50nm 的孔隙吸附氮气体积频率在 10.11%～14.54%，平均为 12.62%[图 4.33（b）]。因此，第Ⅱ类样品 50nm 孔径以下的孔隙以小于 10nm 的孔隙为主，但分布于 20～50nm 的孔体积略高于第Ⅰ类样品。

3. 第Ⅲ类

第Ⅲ类样品孔隙孔径对应的氮气吸附体积峰值均出现在 3～8nm，表明该类样品分布于 3～8nm 的孔隙较多。孔径分布于 10～30nm 的孔隙具有部分氮气吸附体积，随着孔径的增大吸附体积逐渐减少[图 4.34（a）]。孔径在 0～10nm 的孔隙吸附氮气体积频率在 42.12%～48.91%，平均为 45.17%。孔径在 10～20nm 的孔隙吸附氮气体积频率在 32.56%～34.56%，平均为 33.02%。孔径在 20～50nm 的孔隙吸附氮气体积频率在 16.53%～24.93%，平均为 21.81%。相比于前两类样品，第Ⅲ类样品 10～50nm 的孔隙氮气吸附体积量明显升高，小于 10nm 的孔隙与 10～50nm 的孔隙吸附比例各为 50%左右。

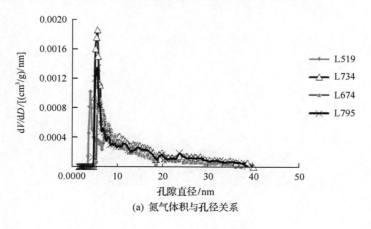

(a) 氮气体积与孔径关系

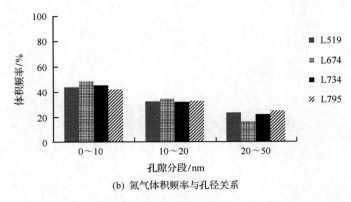

(b) 氮气体积频率与孔径关系

图 4.34 第Ⅲ类样品氮气吸附实验孔径分布

4. 第Ⅳ类

第Ⅳ类样品氮气吸附体积峰值出现在 3~8nm，随着孔径的增大吸附体积逐渐减少，介孔孔径范围内各区间孔隙均具有部分氮气吸附体积，介孔发育较好[图 4.35(a)]。孔径为 0~10nm 的孔隙吸附氮气体积频率为 18.1%~26.9%，平均为 23.6%。孔径为 10~20nm 的孔隙吸附氮气体积频率为 29.6%~38.5%，平均为 32.4%。孔径为 20~50nm 的孔隙吸附氮气体积频率为 43%~45.9%，平均为 44%[图 4.35(b)]。

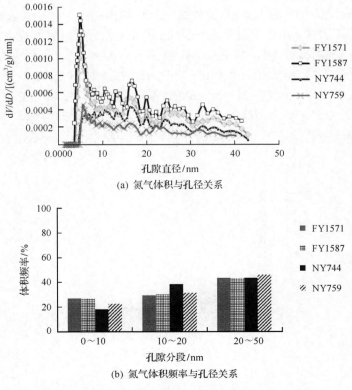

(a) 氮气体积与孔径关系

(b) 氮气体积频率与孔径关系

图 4.35 第Ⅳ类样品氮气吸附实验孔径分布

　　通过 4 种氮气吸附等温线特征进行对比并分别计算各类样品的孔径分布，结果表明渤海湾盆地沙河街组页岩油储层泥岩类和灰岩类样品的孔隙结构以细颈广体孔（墨水瓶形孔）和平行板状孔为主，云岩类样品孔隙结构以平行板状孔为主，且孔隙连通性较好。同时，以细颈广体孔（墨水瓶形孔）为主的样品微孔体积频率越高，平行板状孔越多的样品中微孔体积频率越高，这说明页岩油储层孔隙结构与孔径分布、孔体积特征密切相关。

4.3.4　孔隙结构特征参数表征

　　比表面积、孔体积和分形维数是表征孔隙发育程度和结构的重要参数，分别计算 68 个样品的比表面积、孔体积和分形维数，综合研究渤海湾盆地沙河街组页岩油储层纳米级孔隙的结构特征。

　　1. 比表面积、孔体积和分形维数计算

　　1）比表面积

　　比表面积是单位质量的固体物质（吸附剂）所具有的表面积，单位为 cm^2/g。比表面积通常用来表示物质的分散程度，即物质分割得越小，分散度越高，比表面积越大。单位质量样品所具有的比表面积越大，说明其孔隙数目越多。

　　吸附法测定比表面积的方法，是根据不同相对压力 (P/P_0) 测定的吸附量求出相应的吸附剂表面被吸附质覆盖的单分子层的饱和吸附量，再根据每个吸附质分子在吸附剂表面所占有的面积和质量计算出吸附剂的比表面积。本节采用经典 BET 模型对样品的比表面积进行计算，BET 模型是在 Langmuir 模型的基础上推导出的多分子层吸附模型，BET 模型计算公式为

$$\frac{P/P_0}{V_d\left(1-P/P_0\right)} = \frac{1}{V_mC} + \frac{C-1}{V_mC}(P/P_0) \tag{4.5}$$

式中，P 为气体吸附的平衡压力，MPa；P_0 为气体在吸附温度下的饱和蒸汽压，MPa；V_d 为与相对压力 (P/P_0) 相对应的吸附量，cm^3/g；V_m 为单分子层饱和吸附量，cm^3/g；C 为与第一层吸附热和凝聚热之差有关的物理量，当确定吸附质、吸附剂及平衡温度后 C 即为常数。

　　当用 $\dfrac{P/P_0}{V_d\left(1-P/P_0\right)}$ 对 P/P_0 作图时可以得到一条斜率为 $\dfrac{C-1}{V_mC}$，截距为 $\dfrac{1}{V_mC}$ 的直线，由截距和斜率可求取单分子层饱和吸附量 V_m，再根据每个吸附分子在吸附剂表面所占面积 a_m，即可算出每克吸附剂样品所具有的比表面积。需要注意的是，受到 BET 理论多层吸附模型的限制，当相对压力 (P/P_0) 小于 0.05 时，未形成多层物理吸附层；当相对压力 (P/P_0) 大于 0.35 时，毛细开始发生凝聚现象。计算中通常只选用相对压力 (P/P_0) 为 0.05～0.35 的吸附量数据。

　　2）孔体积

　　根据 Gurevich 定律的基本原理，氮气等温吸附实验中的总孔体积是通过氮气在沸点

温度下（77K，–196.15℃），相对压力（P/P_0）接近 1 时（通常为 0.99 以上）样品中的全部孔隙在毛细孔凝聚作用下被液化的氮气吸附量计算而来。本节采用 DFT 法计算总孔体积数据，单位为 cm^3/g。

3）分形维数

分形维数是定量表征孔隙结构的重要参数，Pfeifer 和 Avnir（1983）提出了基于 FHH（Frenkel-Halsey-Hill）模型的分形维数理论计算方法，并利用分子吸附法证明储层岩石孔隙具有分形特征。Krohn（1988）发现页岩、砂岩和碳酸盐岩中 200～5000nm 的孔隙具有分形性质，分形维数为 2.27～2.89。本节采用氮气吸附实验结果和分形 FHH 模型进行分形维数计算，计算公式为

$$\ln\left(\frac{V}{V_0}\right) = C + A\left[\ln\left(\ln\frac{P_0}{P}\right)\right] \tag{4.6}$$

式中，V 为与相对压力（P/P_0）相应的吸附量，cm^3/g；V_0 为单分子层饱和吸附量，cm^3/g；P 为气体吸附的平衡压力，MPa；P_0 为气体在吸附温度下的饱和蒸汽压，MPa；C 为常数；A 为 $\ln(V)$ 和 $\ln[\ln(P_0/P)]$ 的双对数曲线的斜率，它取决于样品孔隙的分形维数 D。根据国内外学者对分形维数计算方法的研究，认为当 $D = A+3$ 时能够反映岩石孔结构的非均质性。

研究区样品的吸附–脱附等温线显示在相对压力大于 0.4 时脱附分支出现滞后环，因此，本节分形维数计算采用相对压力为 0.4～1.0 时的吸附曲线数据进行计算。分形维数与岩石的孔隙结构复杂程度相关，通常分形维数范围为 2～3，当分形维数越趋近于 2 时孔隙表面越光滑；分形维数越趋近于 3 时，孔隙表面越粗糙，即孔隙结构越复杂，非均质性越强；分形维数超过 3 时表明在该孔径范围内不具有分形特征（Avnir and Jaroniec，1989；Jaroniec，1995；王欣等，2015；徐勇等，2015；王志伟等，2016）。

2. 孔隙结构特征

比表面积是表征物质分散程度及孔隙发育程度的参数，分形维数是表征孔隙非均质性及结构复杂程度的参数，而 4.3.2 节吸附等温线类型中所提到的脱附分支拐点 B 为相对压力（$P/P_0 = 0.49～0.53$）时未脱出氮气的百分含量。通过分析比表面积、分形维数与拐点 B 未脱出氮气量的相关性发现，比表面积和分形维数均与拐点 B 未脱出氮气的百分含量呈现明显的正相关性，这就说明氮气脱出速率及形成滞后回线不仅仅受孔隙结构的影响，也受孔隙发育程度及孔隙结构复杂程度等多方面影响（图 4.36）。

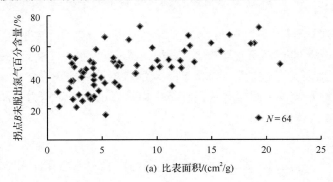

(a) 比表面积/(cm²/g)

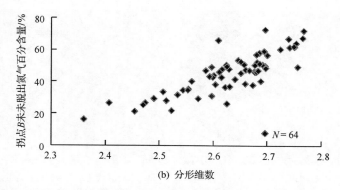

(b) 分形维数

图 4.36 拐点 B 未脱出氮气百分含量与比表面积、分形维数关系图

分别计算 68 块样品的比表面积、孔体积和分形维数等孔隙结构表征参数,不同岩性的孔隙结构差异明显。三大类岩石中,泥岩类样品的比表面积为 $0.94\sim21.27\mathrm{cm}^2/\mathrm{g}$,平均为 $8.29\mathrm{cm}^2/\mathrm{g}$;孔体积为 $3\times10^{-3}\sim38\times10^{-3}\mathrm{cm}^3/\mathrm{g}$,平均为 $16.74\times10^{-3}\mathrm{cm}^3/\mathrm{g}$;分形维数为 $2.45\sim2.77$,平均为 2.64。灰岩类样品的比表面积为 $1.06\sim14.98\mathrm{cm}^2/\mathrm{g}$,平均为 $5.27\mathrm{cm}^2/\mathrm{g}$;孔体积为 $1\times10^{-3}\sim25\times10^{-3}\mathrm{cm}^3/\mathrm{g}$,平均为 $10.73\times10^{-3}\mathrm{cm}^3/\mathrm{g}$;分形维数为 $2.36\sim2.75$,平均为 2.6(表 4.8)。对比参数结果表明,泥岩类样品总体上中孔的孔隙发育量高于灰岩类,储集空间体积高于灰岩类,但分形维数相差不大,结合吸附等温线类型分析结果,泥岩类和灰岩类样品孔隙结构均以细颈广体孔(墨水瓶形孔)和平行板状孔为主,孔隙结构复杂,但泥岩类样品的孔隙发育优于灰岩类[图 4.37(a)~图 4.37(d)]。

云岩类样品的比表面积为 $2.46\sim6.53\mathrm{cm}^2/\mathrm{g}$,平均为 $4.55\mathrm{cm}^2/\mathrm{g}$;孔体积为 $9\times10^{-3}\sim36.2\times10^{-3}\mathrm{cm}^3/\mathrm{g}$,平均为 $25.88\times10^{-3}\mathrm{cm}^3/\mathrm{g}$;分形维数为 $2.47\sim2.54$,平均为 2.52。通过吸附等温线特征分析及孔隙结构参数对比认为,云岩类样品的中孔发育量低于泥岩类和灰岩类样品,但中孔及大于 50nm 的孔体积频率高于泥岩类和灰岩类,反映出云岩类样品的孔隙孔径较大,因而孔体积最大。扫描电子显微镜观察发现,较泥质碎片相比,白云石晶体的表面更为光滑,加之其以平行板状孔隙为主,孔隙连通性较好,因而分形维数略低于泥岩类和灰岩类样品[图 4.37(e),图 4.37(f)]。

(a) 细颈广体孔,灰质泥岩;牛页1井,
3332.5m

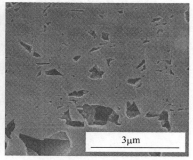

(b) 细颈广体孔,灰质泥岩;罗69井,
3029.18m

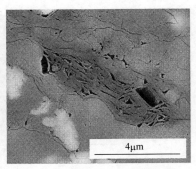

(c) 平行板状孔，灰质泥岩；利页1井，
3667.8m

(d) 平行板状孔，灰质泥岩，背散射
电子图像；罗69井，3110.9m

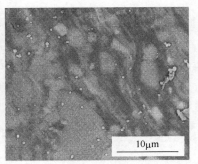

(e) 白云石晶间孔和溶蚀孔发育；
含灰云岩樊页1井，3433.3m

(f) 平行板状孔发育且连通；孔隙内赋存
流体，泥质云岩樊页1井，3198.15m

图 4.37　扫描电子显微镜下的细颈广体孔(墨水瓶形孔)和平行板状孔特征

表 4.8　孔隙结构表征参数统计表

岩性	比表面积/(cm²/g)	孔体积/(10⁻³cm³/g)	分形维数	曲线类型	样品数/个
含灰含云泥岩	8～18.6(12.66)	19～36(27)	2.55～2.741(2.63)	Ⅰ和Ⅱ	3
含云灰质泥岩	0.94～12.24(4.99)	3～25(11.75)	2.56～2.68(2.62)	Ⅰ和Ⅱ	8
灰质泥岩	2.04～21.27(8.24)	4～38(16.45)	2.47～2.77(2.65)	Ⅰ、Ⅱ和Ⅲ	20
含灰泥岩	3.68～18.92(11.23)	12～30(20.29)	2.49～2.77(2.67)	Ⅰ和Ⅱ	7
泥岩	3.12～12.14(11.67)	7～22(14.5)	2.69	Ⅰ和Ⅱ	2
含灰云质泥岩	8.168	19	2.616	Ⅱ	1
云质泥岩	1.61～10.23(5.92)	6～20(13)	2.45～2.68(2.57)	Ⅱ和Ⅳ	2
含泥灰岩	2.01	4	2.51	Ⅱ	1
含云泥质灰岩	2.23～7.43(4.35)	7～12(9)	2.59～2.75(2.65)	Ⅰ和Ⅱ	3
泥质灰岩	1.06～14.98(5.61)	1～25(11.39)	2.36～2.75(2.6)	Ⅰ、Ⅱ和Ⅲ	18
泥质云岩	2.46	9	2.47	Ⅳ	1

续表

岩性	比表面积/(cm²/g)	孔体积/(10⁻³cm³/g)	分形维数	曲线类型	样品数/个
含泥含灰云岩	4.67	14	2.53	IV	1
含泥灰云岩	6.53	36	2.54	IV	1
泥岩类	0.94~21.27(8.29)	3~38(16.74)	2.45~2.77(2.64)	I、II、III和IV	43
灰岩类	1.06~14.98(5.27)	1~25(10.73)	2.36~2.75(2.6)	I、II和III	22
云岩类	2.46~6.53(4.55)	9~36.2(25.88)	2.47~2.54(2.52)	IV	3

注：比表面积、孔体积和分形维数()中的数据为平均数。

综合对比渤海湾盆地沙河街组页岩油储层 5 种主要岩性的孔隙结构表征参数，其差异规律与三大岩类的规律一致，即灰质泥岩与含灰泥岩的样品总孔体积较大，比表面积平均为 8.24cm²/g 和 11.23cm²/g，孔隙结构最复杂，非均质性较强。泥质灰岩和含泥灰岩的比表面积平均为 5.61cm²/g 和 2.01cm²/g，孔隙发育程度相对较差，孔隙结构复杂且总孔体积偏小。泥质云岩的比表面积平均为 2.46cm²/g，孔隙发育程度相对较好，非均质性较弱。氮气等温吸附实验及孔隙结构表征参数的分析结果与扫描电子显微镜的孔隙表征结果一致。

4.4　储层物性特征

通过常规物性测试数据分析渤海湾盆地沙河街组沙四上亚段—沙三下亚段的物性特征可知，罗 69 井沙四上亚段孔隙度范围为 0.90%~11.5%，平均为 5.02%；渗透率范围为 0.01~52.2mD[①]，平均为 6.89mD。罗 69 井沙三下亚段储层孔隙度范围为 1.2%~15.3%，平均为 5.56%；渗透率范围为 0.01~760mD，平均为 9.35mD。

樊页 1 井沙四上亚段储层孔隙度范围为 2.4%~13.5%，平均为 5.96%；渗透率范围为 0.01~481mD，平均为 9.2mD。樊页 1 井沙三下亚段储层孔隙度范围为 2.5%~13.5%，平均为 6.53%；渗透率范围为 0.02~930mD，平均为 10.52mD。

牛页 1 井沙四上亚段储层孔隙度范围在 6.3%~20.6%，平均为 11.64%；渗透率范围为 0.02~137mD，平均为 7.09mD。牛页 1 井沙三下亚段储层孔隙度范围为 7.6%~15.2%，平均为 11.37%；渗透率范围为 0.32~502mD，平均为 18.2mD。

利页 1 井沙四上亚段储层孔隙度范围为 7.5%~17.2%，平均为 11.75%；渗透率范围为 0.1~126mD，平均为 9.44mD。利页 1 井沙三下亚段储层孔隙度范围为 10.2%~19.5%，平均为 13.81%；渗透率范围为 0.07~396mD，平均为 15.2mD（表 4.9，图 4.38）。测试样品中 60%~80%的样品具有裂缝，导致渗透率变化范围较大。牛页 1 井和利页 1 井样品的孔隙度及渗透率较高，物性最好，其次为樊页 1 井样品的物性较好，罗 69 井样品的物性相对较差。

---

① 1mD $=10^{-3}$D $= 0.986923 \times 10^{-15}$m²。

表 4.9　沙四上亚段—沙三下亚段物性统计表

井号	层位	孔隙度/%		渗透率/mD		样品数/个
		范围	平均值	范围	平均值	
罗 69 井	Es_3^x	1.2～15.3	5.56	0.01～760	9.35	536
	Es_4^s	0.90～11.5	5.02	0.01～52.2	6.89	17
樊页 1 井	Es_3^x	2.5～13.5	6.53	0.02～930	10.52	181
	Es_4^s	2.4～13.5	5.96	0.01～481	9.2	167
牛页 1 井	Es_3^x	7.6～15.2	11.37	0.32～502	18.2	15
	Es_4^s	6.3～20.6	11.64	0.02～137	7.09	113
利页 1 井	Es_3^x	10.2～19.5	13.81	0.07～396	15.2	106
	Es_4^s	7.5～17.2	11.75	0.1～126	9.44	100

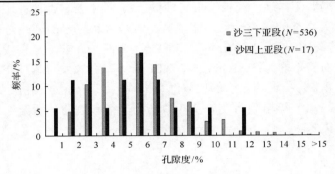

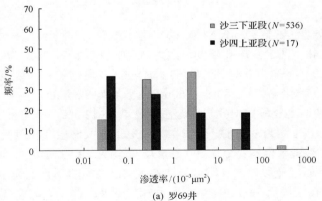

(a) 罗69井

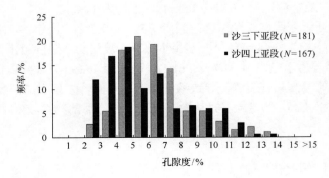

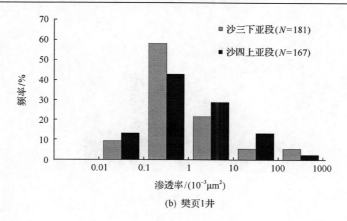

(b) 樊页1井

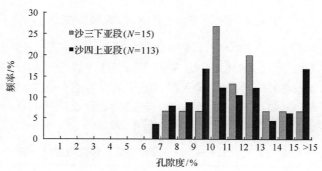

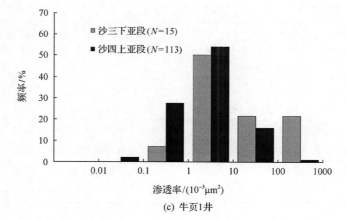

(c) 牛页1井

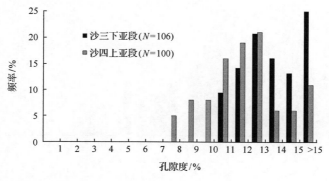

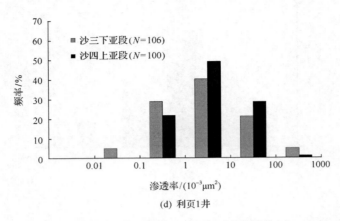

(d) 利页1井

图 4.38　沙四上亚段—沙三下亚段物性特征

在岩石学分类的基础上，结合常规物性数据分析沙四上亚段—沙三下亚段主要岩性的孔隙度特征。罗 69 井页岩油储层中含灰泥岩和灰质泥岩的孔隙度较高，集中分布在 4%～10%，沙四上亚段和沙三下亚段含灰泥岩的平均孔隙度分别为 9.54% 和 6.98%，灰质泥岩的平均孔隙度分别为 6.67% 和 6.66%。含泥灰岩和泥质灰岩孔隙度一般，集中分布在 2%～8%，平均分布在 5%左右[表 4.10，图 4.39(a)，图 4.40(a)]。

表 4.10　沙四上亚段—沙三下亚段主要岩性孔隙度统计表

井号	层位	孔隙度/%									
		含灰泥岩		含泥灰岩		灰质泥岩		泥质灰岩		泥质云岩	
		范围	平均值	范围	平均值	范围	平均值	范围	平均值	范围	平均值
罗 69 井	Es_3^x	4.5～8.9	6.98	1.8～12.8	5.27	1.9～14.2	6.66	1.2～15.3	4.96		
	Es_4^s		9.54	0.9～1.7	1.3	4.8～8.9	6.67	2.5～4.6	3.55		
樊页 1 井	Es_3^x	4.3～12.4	8.34		3.5	2.6～12.4	6.87	2.5～7.8	5.21		
	Es_4^s	2.8～10.2	6.48	3.2～6	4.67	2.4～11	6.36	2.4～12	4.92		6.4
牛页 1 井	Es_3^x	11.4～12.2	11.8			10.1～12.3	11.23	8.7～15.2	11.32	9.2～13.7	11.45
	Es_4^s	14.5～16.4	15.5	7～7.3	7.15	7.3～19.1	11.46	6.3～15.4	9.81	12.2～23.4	17.8
利页 1 井	Es_3^x	10.3～17.2	12.98		17	10.4～19.4	13.36	10.2～18.1	13.28		
	Es_4^s	9.7～17.2	13.45	7.7～12.2	9.95	9.4～16.4	12	7.5～14.8	10.15		

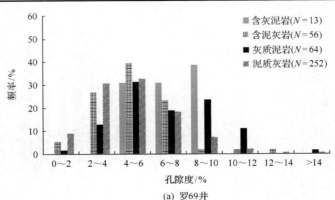

(a) 罗69井

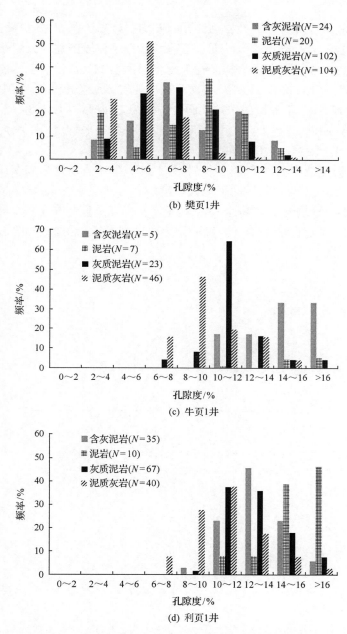

图 4.39　沙四上亚段—沙三下亚段主要岩性孔隙度分布图

　　樊页 1 井页岩油储层中，含灰泥岩和灰质泥岩的孔隙度较高，沙四上亚段和沙三下亚段含灰泥岩的平均孔隙度分别为 6.48% 和 8.34%，灰质泥岩的平均孔隙度分别为 6.36% 和 6.87%。泥质灰岩孔隙度一般，集中分布在 2%～8%，沙四上亚段和沙三下亚段的平均孔隙度分别为 4.92% 和 5.21%。含泥灰岩仅有 4 块样品，平均孔隙度低于 5%。测试样品中泥岩样品多，泥岩孔隙度集中分布在 6%～10%，平均孔隙度为 8.05%，孔隙度较高。仅有一块泥质云岩样品，孔隙度为 6.4%[表 4.10，图 4.39(b)，图 4.40(b)]。

　　牛页 1 井和利页 1 井主要岩性样品的孔隙度均明显高于罗 69 井和樊页 1 井。牛页 1 井泥质云岩和含灰泥岩孔隙度高。沙四上亚段和沙三下亚段的泥质云岩平均孔隙度分别为 17.8%和 11.45%。5 块含灰泥岩样品孔隙度全部大于 11%，沙四上亚段和沙三下亚段的平均孔隙度分别为 15.5%和 11.8%。其次为灰质泥岩，孔隙度较高，集中分布在 10%～12%，沙四上亚段和沙三下亚段的平均孔隙度分别为 11.46%和 11.23%。泥质灰岩孔隙度主要分布在 6%～14%，沙四上亚段和沙三下亚段的平均孔隙度分别为 9.81%和 11.32%[表 4.10，图 4.39(c)，图 4.40(c)]。

　　利页 1 井主要岩性中泥岩类样品的孔隙度较高，其中含灰泥岩和灰质泥岩孔隙度主要分布在 10%～16%，两种岩性的平均孔隙度均在 13%左右。泥岩样品取样较多，孔隙度普遍高于 14%，平均孔隙度高达 16.6%。泥质灰岩孔隙度分布范围集中在 8%～14%，沙四上亚段和沙三下亚段的平均孔隙度分别为 10.15%和 13.28%[表 4.10，图 4.39(d)，图 4.40(d)]。

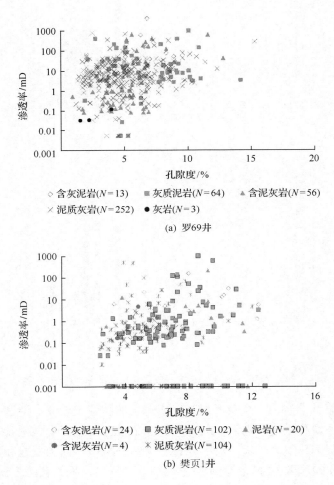

(a) 罗69井

(b) 樊页1井

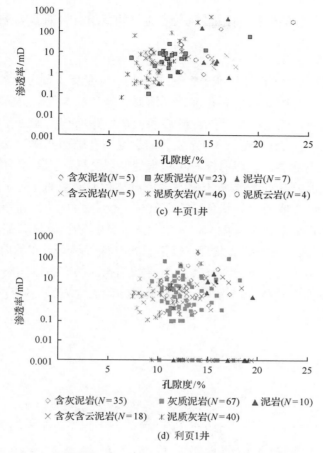

图 4.40　沙四上亚段—沙三下亚段不同岩性的物性关系图

综合对比渤海湾盆地沙河街组沙四上亚段—沙三下亚段物性特征，常规物性测试的分析结果与扫描电子显微镜图像法定量分析结果、氮气等温吸附分析结果体现出较好的一致性。总体而言，4 口取心井的储层物性具有差异，渤海湾盆地沙河街组沙四上亚段—沙三下亚段的主要岩性中泥质云岩的物性最好，其次为泥岩类中的灰质泥岩和含灰泥岩物性较好，灰岩类中的泥质灰岩和含泥灰岩物性相对较差。

4.5　物性影响因素分析

渤海湾盆地沙河街组页岩油储层的形成、发育、改造主要受沉积作用、成岩作用和构造作用等多种因素的共同控制。其中，沉积作用决定岩石的矿物成分、岩相类型和脆性等，是储层形成的前提与基础。成岩作用和构造作用是成岩后期对储层的改造作用。结合常规物性分析数据，本节从矿物成分、有机质生烃、成岩作用及埋藏演化、构造作用和热液作用 5 个方面入手，研究渤海湾盆地沙河街组页岩油储层物性的影响因素。

4.5.1　矿物成分

　　矿物成分及岩石类型的不同，储集空间的类型、尺度及分布均有较大差异。结合 X 射线衍射数据、背散射图像定量面孔率计算结果、氮气等温吸附实验孔体积计算结果和物性资料分析表明，黏土矿物、陆源碎屑和泥质成分均与孔隙面孔率、孔体积和孔隙度呈高度正相关(图 4.41～图 4.45)。白云石含量与孔隙面孔率、孔体积呈正相关，与孔隙度的相关性不明显，表明白云石对页岩油储层的微观孔隙发育和孔隙结构影响较大，由于储层中白云石总含量在 10%左右，对孔隙度的影响作用不明显。扫描电子显微镜下发现泥质集合体处大量发育孔径为 100～600nm 的粒间孔，白云石晶间孔和溶蚀孔的孔径多为几百纳米至十几微米，表明黏土矿物、陆源碎屑、泥质碎片和白云石成分更有利于纳米–微米级孔隙的发育。镜下观察方解石晶间孔和晶内孔的孔径较小，方解石颗粒伴有胶结作用和重结晶作用，阻碍微观孔隙的产生，方解石含量与定量的孔隙面孔率、孔体积均呈高度负相关，说明页岩油储层中方解石的存在不利于分布集中、孔径较大的孔隙形成。

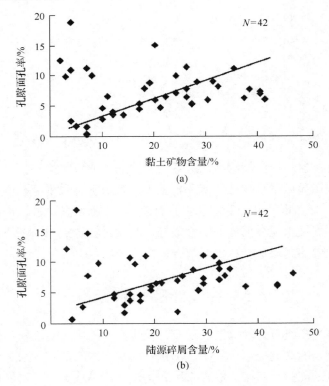

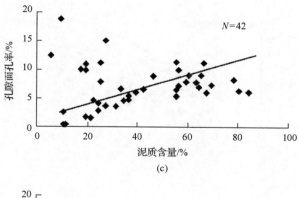

(c)

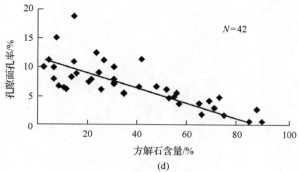

(d)

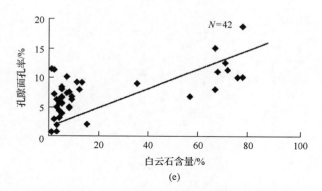

(e)

图 4.41　矿物含量与孔隙面孔率比例关系图

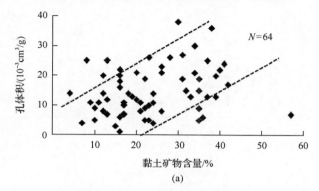

(a)

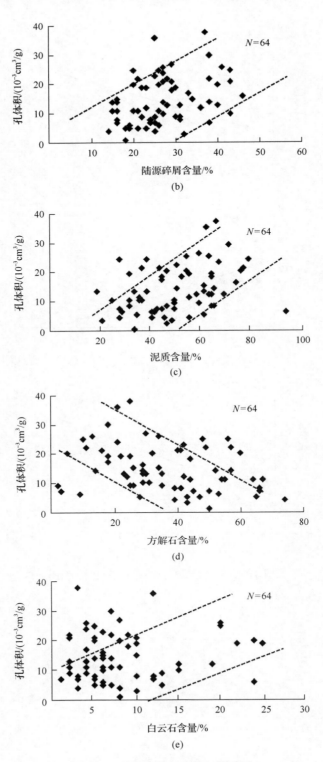

图 4.42　矿物含量与孔体积关系图

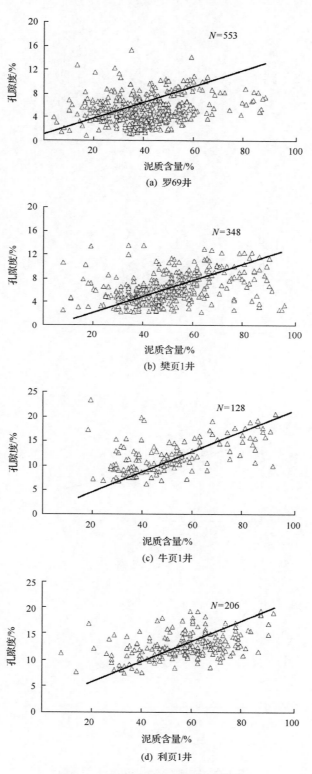

(a) 罗69井

(b) 樊页1井

(c) 牛页1井

(d) 利页1井

图 4.43　泥质含量与孔隙度关系图

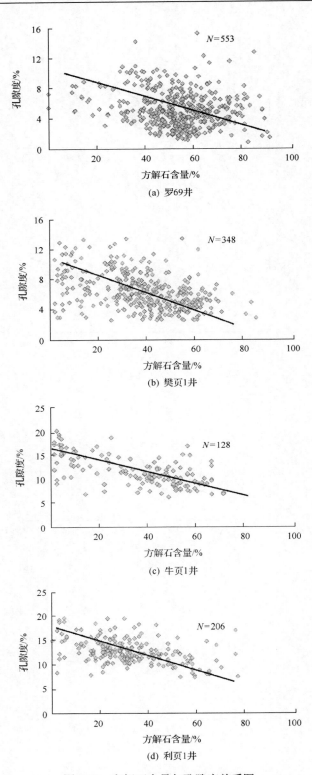

图 4.44　方解石含量与孔隙度关系图

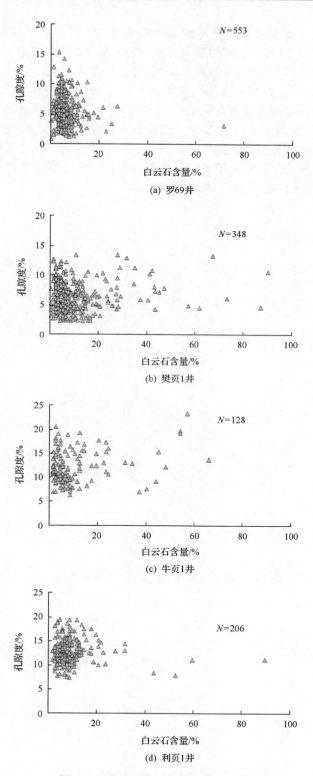

图 4.45　白云石含量与孔隙度关系图

　　根据矿物含量与比表面积、分形维数的相关性特征，分析矿物成分对孔隙结构的影响。泥质含量与比表面积、分形维数具有正相关关系，结合扫描电子显微镜观察和定量统计结果，一方面泥质碎片搭桥易形成大量粒间孔，泥质含量超过50%的样品粒间孔比例高达90%以上，粒间孔孔径集中在几百纳米。因此，比表面积随泥质含量的增加逐渐增大（图 4.46）。另一方面粒间孔的形态包括细颈广体状（墨水瓶形孔）及平行板状，大量粒间孔形态混杂使得整体孔隙结构更加复杂，随着泥质含量的增加，分形维数逐渐增大。方解石含量与比表面积、分形维数具有负相关关系，图像法定量统计表明方解石含量升高使得方解石晶间孔与晶内孔数量增多，结合薄片及扫描电子显微镜观察可见方解石胶结作用和重结晶作用阻碍晶间孔隙连通（图 4.47）。

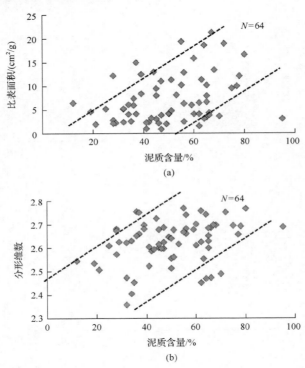

图 4.46　泥质含量与比表面积、分形维数关系图

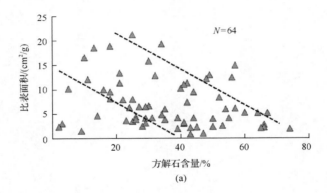

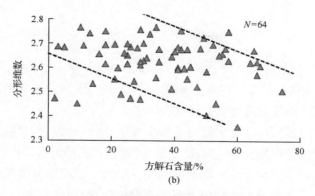

图 4.47　方解石含量与比表面积、分形维数关系图

　　方解石晶内孔形成于方解石晶面上或晶体内部的孔隙，与其他孔隙的连通性差，加之这两种孔隙的孔径大多小于 100nm，所以比表面积和分形维数随着方解石含量的升高而减小。通过矿物学特征分析，白云石自形程度高，镜下观察胶结及重结晶作用较弱，图像法定量统计显示白云石含量升高使得白云石晶间孔和晶内孔数量增多，白云石晶间孔平均孔径为 553nm，最大可达 20μm，氮气等温吸附曲线显示云岩类的孔隙连通性较好，因此，白云石含量与比表面积呈正相关，与分形维数呈低度正相关(图 4.48)。

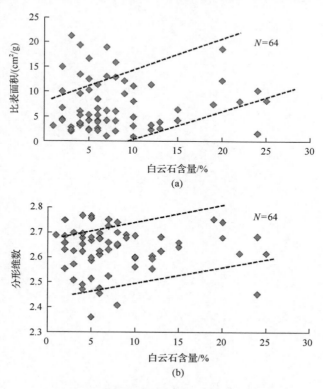

图 4.48　白云石含量与比表面积、分形维数关系图

4.5.2　有机质生烃

通过分析 TOC 含量与物性关系表明，沙四上亚段—沙三下亚段的 TOC 含量与孔隙度、渗透率具有正相关性，其中与罗 69 井和利页 1 井的正相关关系更为明显，随着 TOC 含量的增高，储层孔隙度具有增大趋势(图 4.49)。

页岩油储层中有机质对物性的影响通常表现在 3 个方面：①有机质在演化过程中，成熟及过成熟阶段的有机质会产生气态烃类，并形成大量的有机质微孔，增加孔隙空间。②有机质在生排烃过程中会产生局部异常高压，形成泥质粒间异常高压缝(隙)；同时造成自身体积的减小，形成泥质收缩缝或者内部微裂缝(隙)(张善文等，2009)。③有机质生烃释放的有机酸使碳酸盐岩、长石等不稳定矿物被溶解(Schieber et al.，2007；Tucker，2011)。研究区有机质对储层物性的控制作用主要表现为后两个方面。

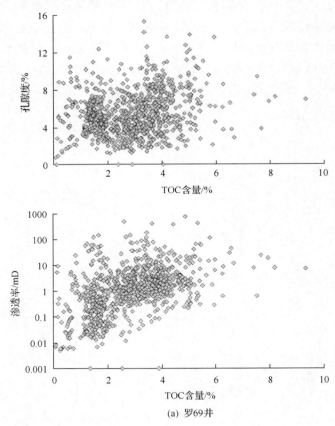

(a) 罗69井

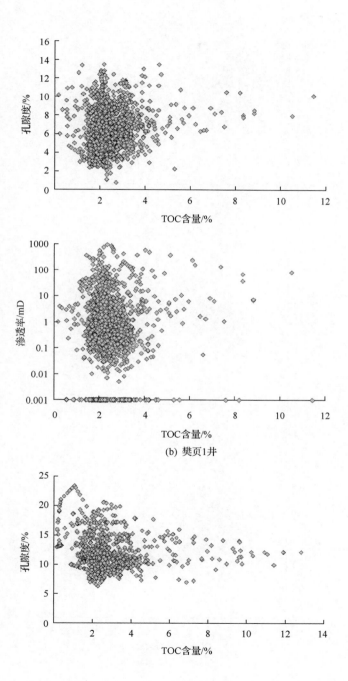

(b) 樊页1井

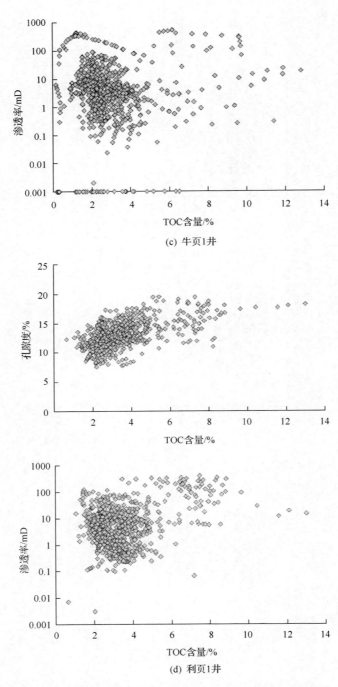

(c) 牛页1井

(d) 利页1井

图 4.49 沙四上亚段—沙三下亚段 TOC 含量与物性关系图

根据有机地球化学分析数据可知，渤海湾盆地沙河街组页岩油储层的有机质镜质体反射率 R_o 普遍在 0.6%～0.9%，有机质处于低成熟—成熟状态。在扫描电子显微镜下观察 200 余块样品中均未见有机质微孔的存在，因此，有机质微孔不是研究区的储集空间，第一种作用对储层物性的控制作用微小。黄第藩等(2003)在烃源岩中结合态有机酸的模拟实验中发现，油气生成过程中伴随着大量有机酸的排出，加热到 300℃后，沥青中有机酸和干酪根有机酸具有增多现象，这可能与干酪根生成有机酸有关。张林晔等(2015)利用离子色谱测定了东营凹陷沙四上亚段—沙三下亚段的有机酸含量，表明有机酸形式以游离态为主，成分主要包括甲酸、乙酸和草酸(表 4.11)。有机酸对不稳定矿物产生溶蚀作用，增进了次生孔隙的发育，在一定程度上提高了孔隙度，同时容易发生重结晶作用而产生重结晶晶间孔，这不仅对孔隙结构产生影响，也会对泥页岩的成岩过程产生重要影响(朱筱敏等，2006)。

表 4.11 东营凹陷古近系泥页岩中游离态有机酸含量统计(张林晔等，2015)

层段	有机酸含量/(μg/g)					
	甲酸		乙酸		草酸	
	范围	平均	范围	平均	范围	平均
Es_3^x	0.62～56.55	10.36	2.55～51.4	16.98	1.96～9.16	4.27
Es_3^s	3.38～45.42	14.64	0～69.06	19.49	0～6.56	4.14

页岩油储层孔隙度随深度的变化整体呈两段式特征，沙三下亚段孔隙度出现高峰，随深度增加而逐渐变小，变化明显。沙四上亚段以深，平均孔隙度有明显变大趋势，在一定的深度范围内孔隙度整体变大，后达到最大值，然后再次下降(图 4.50)。出现孔隙度高峰的深度位置与 TOC 含量高峰的深度位置一致，推测造成孔隙度异常的原因主要为有机质生烃，即生烃增压积累及酸性流体溶蚀产生新的孔缝，同时部分有机质转变为流体烃类使得孔隙度增加。

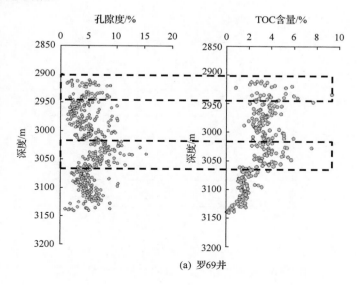

(a) 罗69井

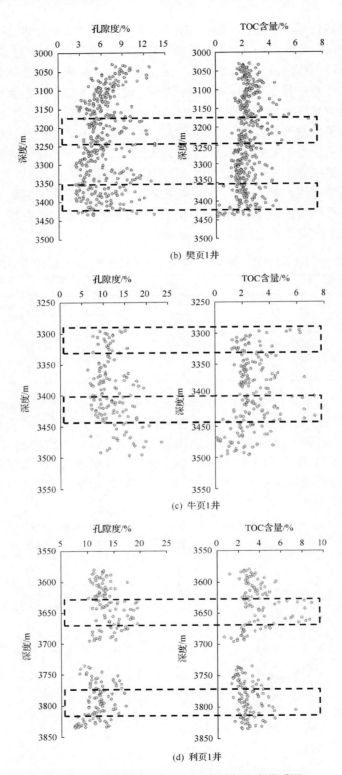

图 4.50　孔隙度与深度、TOC 含量与深度关系图

4.5.3　成岩作用及埋藏演化

通过调研及分析研究渤海湾盆地沙河街组沙四上亚段—沙三下亚段页岩油储层的埋藏成岩过程，认为储层的成岩作用主要有黏土矿物转化、压实作用、溶蚀作用、胶结作用、重结晶作用。同时，有机质随着介质条件的变化发生不同的演化，可能与地下环境介质发生物理及化学作用(姜在兴，2010)。因此，成岩作用及埋藏演化过程与储层特征及油气的产生具有密切的关系。

1.　黏土矿物转化

在成岩作用及埋藏演化过程中，受到温度的影响，蒙脱石向伊/蒙混层转化，继而再向伊利石转化。转化过程中黏土矿物晶间孔的形态和结构会随之改变，并且伴随着 SiO_2 析出(Schieber et al.，2000；Macquaker et al.，2010)。

2.　压实作用

在细粒沉积物沉积以后，随着埋藏深度的增加，上覆压力不断增大，流体从细粒沉积物中排出，机械压实结果为细粒沉积物的体积缩小，颗粒重新排列并伴随孔隙度降低，随着压实作用的进一步加强，颗粒的接触方式发生改变。

3.　溶蚀作用

溶蚀作用是研究区储层中常见的成岩现象，有机质在大量生油阶段产生乙酸、甲酸等有机酸对碳酸盐矿物颗粒产生溶蚀，扫描电子显微镜图像法分析表明研究区页岩油储层中存在大量溶蚀孔。

4.　胶结作用

胶结作用是指从孔隙溶液中沉淀出的矿物质，将沉积物固结起来的作用。研究区碳酸盐胶结物主要有方解石、白云石、铁方解石等，偶见黄铁矿和菱铁矿的胶结物。随着埋藏深度的增加及碳酸盐矿物含量的变化，碳酸盐胶结物的含量也随之改变。

5.　重结晶作用

重结晶作用是成岩作用及埋藏演化常见的成岩作用类型，研究区页岩油储层的方解石重结晶现象非常普遍。有机质生烃产生有机酸及 CO_2，导致携带 Ca^{2+} 的溶液孔隙及裂缝中重结晶充填孔缝，导致孔隙度减小，这一现象也说明页岩油储层中方解石的溶蚀与重结晶是同时存在的(董春梅等，2015b)。

根据镜质体反射率 R_o，通常将泥页岩的成岩演化划分为早成岩阶段 A 期($R_o\leqslant0.3\%$)、早成岩阶段 B 期($0.3\%<R_o\leqslant0.5\%$)、中成岩阶段 A 期($0.5\%<R_o\leqslant1.0\%$)、中成岩阶段 B 期($1.0\%<R_o\leqslant2.0\%$)和晚成岩阶段($R_o>2.0\%$)5 个阶段。沾化凹陷沙四上亚段—沙三下亚段埋藏深度为 2800～3200m，东营凹陷沙四上亚段—沙三下亚段埋藏深度为 3000～

4000m。根据研究区的镜质体反射率 R_o 特征及埋藏深度，认为渤海湾盆地沙河街组沙四上亚段—沙三下亚段处于中成岩阶段 A 期至中成岩阶段 B 期阶段，结合成岩演化调研分析结果并绘制页岩油储层成岩演化模式图，对研究区细粒沉积物的成岩作用进行解析(图 4.51)。

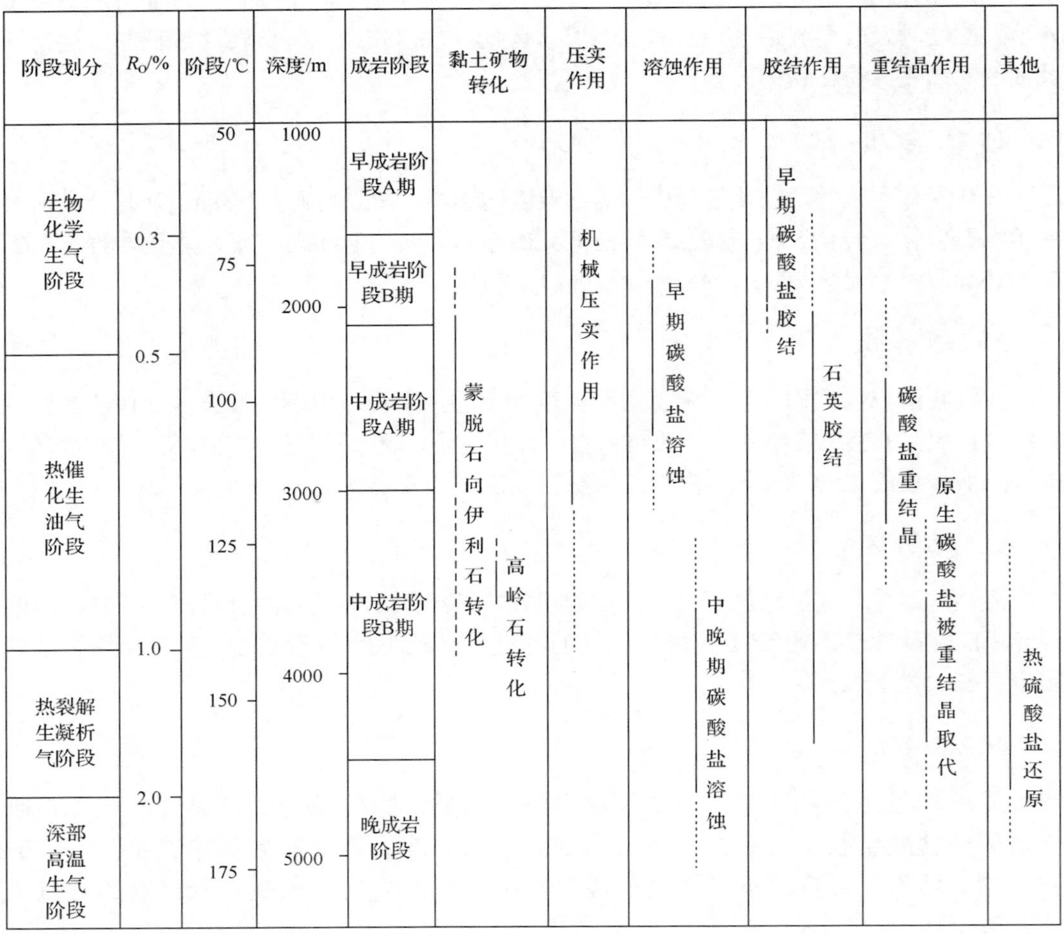

阶段划分	R_o/%	阶段/℃	深度/m	成岩阶段	黏土矿物转化	压实作用	溶蚀作用	胶结作用	重结晶作用	其他
生物化学生气阶段	0.3	50 75	1000 2000	早成岩阶段A期 早成岩阶段B期		机械压实作用	早期碳酸盐溶蚀	早期碳酸盐胶结		
热催化生油气阶段	0.5 1.0	100 125	3000	中成岩阶段A期 中成岩阶段B期	蒙脱石向伊利石转化 / 高岭石转化		中晚期碳酸盐溶蚀	石英胶结	碳酸盐重结晶 / 原生碳酸盐被重结晶取代	热硫酸盐还原
热裂解生凝析气阶段	2.0	150	4000							
深部高温生气阶段		175	5000	晚成岩阶段						

图 4.51　渤海湾盆地沙河街组成岩作用与埋藏演化模式图

在中成岩阶段 A 期，$0.5\% < R_o < 1.0\%$，埋深大于 2000m 时为伊/蒙混层矿物的迅速转化期，间层比迅速下降，在 3000m 左右时，东营凹陷储层中伊/蒙混层比基本稳定，伊利石则持续增加(张林晔等，2011)。2500～3000m 时，储层中的原生碳酸盐逐渐发生重结晶，颗粒粒径逐渐增大，转变为微亮晶和亮晶碳酸盐。埋深大于 3100m 左右时，原生碳酸盐逐步被重结晶碳酸盐所取代。压实作用主要表现为颗粒之间的点接触、点-线接触。超压影响使得储层内流体通畅，胶结物大量沉淀，主要以方解石胶结为主。东营凹陷页岩油储层在埋深浅于 3300m 左右时，方解石含量高，主要发生方解石和铁方解石胶结，在埋深大于 3300m 左右时，白云石含量增加趋势明显，可见白云石胶结

作用(郭佳等，2014；朱筱敏等，2015)。随着有机质陆续进入低成熟–成熟阶段，有机质生烃产生的酸性流体进入储层，溶蚀作用主要对孔隙起调整作用(李钜源，2015)。储集空间以片状粒间孔、粒间溶蚀孔、收缩微裂缝和孔缝复合系统为主，各种孔隙的方向性显露，孔隙发育得以保存。

到中成岩阶段 B 期，$1.0\%<R_o<2.0\%$，埋深大于 3500m 时，黏土矿物的组成简单，以伊利石为主。随着储层埋深的增加(近 4000m)，压实作用进一步加强，在白云岩颗粒接触缝合线处见化学压溶作用(朱筱敏等，2015)。此时压实作用及成岩矿物转化作用趋于平缓，但有机质生烃作用进一步影响储层微观特征。随着有机质进入生烃高峰阶段，储层内部产生异常高压，对微裂缝的产生具有积极影响。生烃使得流体中有机酸和 CO_2 共存，地层流体表现为弱酸性，因而扫描电子显微镜下可看到碳酸盐矿物外缘形成大量溶蚀孔。同时在 3400m 以深硫酸盐发育的层段，硫酸盐被有机质还原形成的 H_2S 气体易与孔隙水中的 Fe^{2+} 结合生成黄铁矿，这一点在扫描电子显微镜观察中得到了验证。有机酸进一步促进碳酸盐溶蚀形成新的次生孔隙，最终构成以原生和次生孔隙为主的储集空间系统。埋藏过程不仅存在着有机质的变化，还存在着复杂的无机矿物和有机–无机矿物间的相互作用关系，这种成岩演化过程能够改变无机矿物的组成、微观储集空间结构、物性特征，同时影响储集空间内部流体的赋存。

4.5.4 构造作用

构造作用对储层的影响主要表现为宏观裂缝的形成，通过岩心观察、薄片鉴定、扫描电子显微镜等分析，研究区构造裂缝多以宏观裂缝为主，部分充填方解石，少量裂缝未开启。结合常规物性分析绘制宏观裂缝与孔渗关系散点图，具有裂缝的样品其渗透率一般高于无裂缝的样品，而两者孔隙度均较为分散(图 4.52)。这就表明宏观裂缝对储层孔隙度的影响较小，而对渗透率的影响作用明显。裂缝虽然不是渤海湾盆地沙河街组页岩油储层的主要储集空间类型，但裂缝的存在使储层的渗透能力可获得较大的改善。

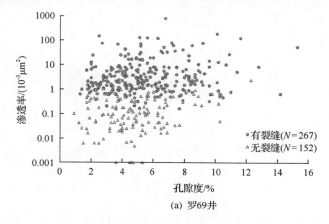

(a) 罗69井

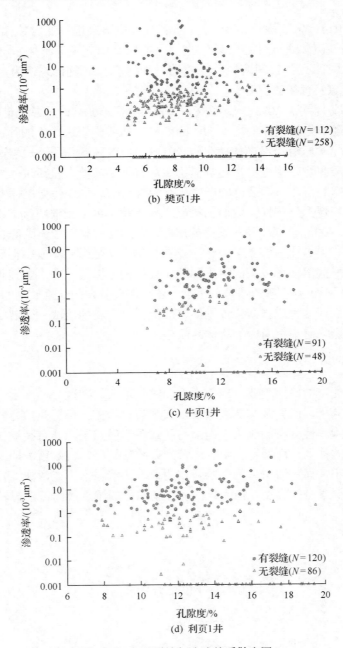

图 4.52　宏观裂缝与孔渗关系散点图

4.5.5　热液作用

济阳坳陷深部热液活动曾十分活跃,如渤南洼陷沙三段储层具有明显的热液活动证据(吴富强等,2003)。通过扫描电子显微镜观察和能谱分析辨别矿物成分及含量,樊页1井和牛页 1 井样品中见多种热液矿物,包括自生石英、金红石、天青石、磷灰石、菱锶矿、硅质胶结结构及重晶石条带等(图 4.53)。

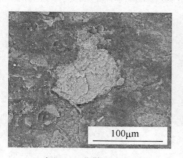

(a) 金红石,背散射电子图像;   (b) 天青石,背散射电子图像;   (c) 磷灰石,背散射电子图像;
樊页1井,3360.9m   樊页1井,3434.64m   牛页1井,3434.34m

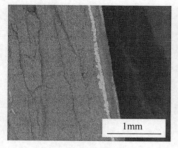
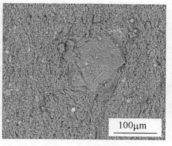
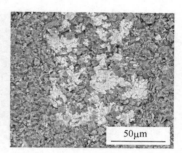

(d) 重晶石条带,背散射电子图像;   (e) 铁白云石,背散射电子图像;   (f) 天青石,背散射电子图像;
牛页1井,3443.55m   牛页1井,3332.5m   罗69井,3126.65m

(g) 天青石,背散射电子图像;   (h) 磷灰石,背散射电子图像;   (i) 白云石见自生石英锥晶;二次
罗69井,3046.3m   罗69井,2969.93m   电子图像;牛页1井,3304.1m

图 4.53 沙四上亚段—沙三下亚段热液溶蚀特征矿物

深部热液对储层改造是否有积极影响与热液侵入时成岩介质的酸碱性环境有关。当热液侵入时为酸性成岩介质,热液白云岩化可形成大量的白云石晶间孔,同时在白云岩化的基础上,由于白云石晶间孔发育,热液流体易于流动,热液溶蚀可形成大量溶蚀孔(周自立和吕正谋,1990)。当成岩介质为碱性时,酸性热液与碱性成岩介质中造成胶结物大量沉淀,将不利于储层的成岩改造(袁静等,2012)。

　　通过有机质生烃及成岩演化分析，研究区沙四上亚段处于中成岩阶段 B 期，从游离态有机酸含量与深度的变化来看，埋藏深度在 3000m 左右时出现有机酸峰值，进入生烃高峰以后，有机酸仍保持较高含量，这种特征与盐度相对较高的湖相沉积环境存在一定关系(张林晔等，2015)。沾化凹陷和东营凹陷沙四上亚段发育云岩薄夹层，埋藏深度为 3000m 以深，电镜观察云岩样品见白云石晶间孔及溶蚀孔，溶蚀孔充填雏晶自生石英，并见热液矿物重晶石，推测其为酸性介质环境热液白云岩化及热液溶蚀作用的产物。

　　综上所述，渤海湾盆地沙河街组沙四上亚段—沙三下亚段页岩油储层物性受矿物成分、有机质生烃、成岩作用及埋藏演化、构造作用及热液作用等多种因素的影响。其中，矿物成分、有机质生烃及成岩作用对储层物性的影响较为明显，泥质含量和方解石含量是影响页岩油储层物性最重要的因素，泥质含量高、方解石含量低，储层物性好。有机质对储层物性的影响主要是通过生、排烃造成自身体积减小，形成收缩缝或者内部微裂缝，以及有机质排烃释放有机酸有利于溶蚀，从而改善储层物性。成岩作用对储层物性的影响是复杂的和多方面的，黏土矿物转化、压实作用、溶蚀作用、胶结及重结晶作用会导致储层内部矿物成分发生改变，形成新的次生孔隙，微纳米孔隙重新分配，孔隙结构发生重大变化等。在热液作用下，热液白云岩化和热液溶蚀作用对形成白云岩溶蚀-晶间孔隙型储层具有积极影响。构造作用对储层孔隙度的影响不明显，但构造作用产生的裂缝可改善储层渗透率。

第5章 页岩油流体赋存特征

页岩油储层中的烃类流体存在着多种赋存形式，结合场发射环境扫描电子显微镜和X射线能谱分析明确页岩油的赋存空间，在对有机地球化学实验数据热解参数 S_1 和氯仿沥青"A"进行轻烃补偿和重烃校正的基础上，利用 TOC 含量、校正后的热解参数 S_1 和氯仿沥青"A"建立渤海湾盆地沙河街组页岩油储层的页岩油含油性分级评价标准，利用 $\Delta\lg R$ 模型求取垂向上的连续未知点参数，结合岩石学分类、储集空间特征、常规物性等结果明确沙四上亚段—沙三下亚段页岩油的流体赋存特征和有利岩性层段。

5.1 页岩油流体的赋存空间

页岩油具有游离态和吸附-互溶态两种赋存形式，游离态的页岩油主要赋存在孔隙及裂缝中，吸附态的页岩油包括干酪根吸附和矿物表面吸附两种类型(张金川等，2012；邹才能等，2013)。开发实践证明渤海湾盆地沙河街组沙四上亚段—沙三下亚段储层中的页岩油赋存形式主要为游离态(宁方兴，2014；蒋启贵等，2016)。本章结合岩心观察、场发射环境扫描电子显微镜观察和 X 射线能谱分析，观察并分析游离态页岩油的主要赋存空间。

通过观察渤海湾盆地沙河街组页岩油储层岩心样品可见，部分碳酸盐岩纹层间有残留沥青，颜色以黑褐色和黑色为主。岩心自然破裂面见微弱油迹反光，手摸有油迹，油味明显。在部分具有页理特征的灰质泥岩、泥质灰岩和含灰泥岩纹层中见油质充填，表明页岩油可赋存在层理缝中(图 5.1)。

(a) 岩心见透镜状沥青；樊页1井，3324.75m　(b) 岩心自然破裂面油迹反光；罗69井，2956.05m

(c) 页理间见油迹；牛页1井，3408.37m

图 5.1　岩心观察油迹特征（文后附彩图）

　　微观赋存空间的观察仪器为 QUANTA 250 FEG 场发射环境扫描电子显微镜+Oxford Inca X-max20 能谱仪，其中配备 X 射线能谱仪，能够探测原子序数为 4～92（Be～U）的元素，有利于观察页岩油的赋存空间类型。研究选取具有岩性代表性的样品 147 块进行场发射环境扫描电子显微镜观察，制备采用液氮钻取和切割，未进行洗油处理，其中 34 块为氩离子抛光样品。自然断面在场发射环境扫描电子显微镜中可见，游离态烃颜色较浅，与颗粒表面晕状接触，无清晰界限。氩离子抛光背散射电镜下页岩油呈灰黑色，游离态烃容易识别。在取样和制备过程中，烃类存在不同程度的挥发现象，因此，孔隙边缘可见纯黑色未被流体充填的孔隙空间。

　　联用场发射环境扫描电子显微镜和 X 射线能谱分析证实渤海湾盆地沙河街组页岩油储层中存在油气显示，页岩油主要赋存在粒间孔、晶间孔、溶蚀孔和层理缝中。4.2 节的研究结果表明，页岩油储层粒间孔大量发育，孔隙孔径从纳米级到微米级，孔隙数量比例最高可达到 90%以上。能谱显示粒间孔中赋存的液态烃碳元素质量和原子百分比分别为 43.33%～54.18%和 64.62%～73.21%。除碳元素以外，氧、硅、钙、铝、钾等元素都出现不同程度的波峰，页岩油中混杂黏土矿物和陆源碎屑成分。氩离子抛光背散射电镜下见油迹与泥质条带混染，泥质粒间孔是页岩油流体最主要的赋存空间（图 5.2）。

(a) 烃类充填粒间孔，二次电子图像；
樊页1井，3316.2m

(b) 油迹浸染明显，背散射电子图像；
罗69井，3068.00m

(c) 油迹与泥质条带混染，二次电子图像；　　　　(d) 油迹充填粒间孔，X射线谱线图像；
　　　樊页1井，3198.15m　　　　　　　　　　　　牛页1井，3377.31m

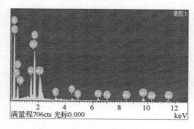

元素	重量/%	原子质量/%
C-K	54.18	72.84
O-K	18.24	18.41
Al-K	3.35	2
Si-K	8.18	4.7
K-K	0.49	0.2
Ti-K	0.82	0.28
Fe-K	1.73	0.5
Au-M	13	1.07
总量	100	100

(e) 图(d)中液态烃取点能谱图　　　　　　(f) 图(d)取点处元素及含量

图 5.2　粒间孔赋存液态烃及能谱特征

　　除粒间孔以外，渤海湾盆地沙河街组页岩油储层发育大量方解石晶间孔、白云石晶间孔、黄铁矿晶间孔、溶蚀孔和层理缝，在扫描电子显微镜下均见烃类以薄膜状附着在孔壁上，或完全充填于孔隙、层理缝中(图 5.3)。根据背散射电子图像孔隙表征结果可见，方解石晶内孔及白云石晶内孔孔径小，分布于方解石及白云石晶体内部，呈孤立状。方解石、白云石晶体本身不含有机质，不能生烃，在扫描电子显微镜下这两种储集空间未见油迹，为无效孔隙。

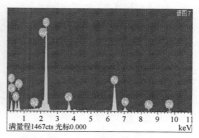

(a) 黄铁矿晶间孔内见油膜，X射线谱线图像；　　　(b) 图(a)中液态烃取点能谱图
　　　罗69井，3072.6m

元素	重量/%	原子质量/%
C-K	33.32	59.56
O-K	9.97	13.38
S-K	22.48	15.06
Ca-K	2.76	1.48
Fe-K	25.72	9.89
Au-M	5.75	0.63
总量	100	100.00

(c) 图(a)中取点处元素及含量

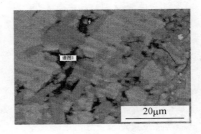

(d) 晶间孔充填油迹，X射线谱线图像；
樊页1井，3412.07m

(e) 图(d)中液态烃取点能谱图

元素	重量/%	原子质量/%
C-K	50.81	73.21
O-K	11.02	11.92
Si-K	16.9	10.42
Ca-K	7.51	3.24
Au-M	13.76	1.21
总量	100	100

(f) 图(d)中取点处元素及含量

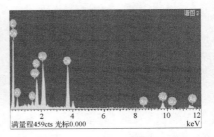

(g) 溶蚀孔中见油迹，X射线谱线图像；
樊页1井，3382.05m

(h) 图(g)中液态烃取点能谱图

元素	重量/%	原子质量/%
C-K	49.53	76.78
O-K	10.79	12.61
Al-K	0.57	0.4
Si-K	3.4	2.26
Ca-K	12.24	5.71
Au-M	23.65	2.24
总量	100	100.00

(i) 图(g)中取点处元素及含量

(j) 层理缝充填油迹，背散射电子图像；
罗69井，3029.18m

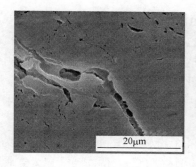

(k) 层理缝内见胶状油膜, 二次电子图像;　　(l) 层理缝充填油迹, 二次电子图像;
　　利页1井, 3656.61m　　　　　　　　　　罗69井, 2940.3m

图 5.3　晶间孔、溶蚀孔和层理缝赋存液态烃及能谱特征

5.2　页岩油含油性分级

　　泥页岩体系中既包括滞留烃, 也包括干酪根, 对页岩油产能起贡献的主要是游离态烃。通常采用地球化学参数来衡量储层中游离态烃量的研究方法有热解参数 S_1 法和氯仿沥青"A"法(卢双舫等, 2012)。本节结合这两种方法对沙河街组游离态页岩油含油性进行分级评价。

　　热解参数 S_1 的组分与页岩油组分相似, 容易被极性弱的二氯甲烷萃取, 热解参数 S_1 常被视为游离态烃(mg HC/岩石)。但在实际的热解实验中, 热解参数 S_1 为样品在 300℃恒温条件下 3h 蒸发出来的烃类产物, 部分已存在于岩石中的重质烃类(高碳数烷、芳烃和胶质、沥青质裂解烃)沸点高于 300℃, 加之干酪根对烃类具有吸附和溶胀作用, 这部分重质烃类无法作为热解参数 S_1 被检测, 热解分析得到的热解参数 S_1 并不能代表地下岩石中的残留烃量(卢双舫和张敏, 2008; 薛海涛, 2015)。一方面, 未被完全热解的重质烃类在 300℃升温至 600℃后被当作热解参数 S_2 检测, 因此, 热解实验得到的热解参数 S_2 也不完全是干酪根热解生烃, 而是包含了少量的游离油及干酪根吸附油量。另一方面, 岩心在从井底取心到存放、制样过程中, 样品中的气态烃($C_{1\sim5}$)和轻质液态烃($C_{6\sim13}$)已经损失(图 5.4)。利用热解参数 S_1 评价页岩油含油性时需要先对热解参数 S_1 进行轻烃补偿

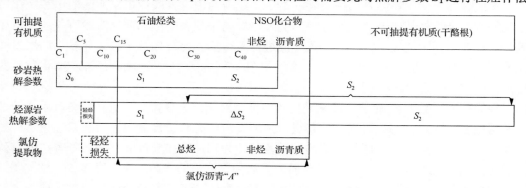

图 5.4　热解参数与氯仿沥青"A"的烃类组成分布图(Bordenave, 1993)

及重烃校正(黄文彪等, 2014; 王文广等, 2015)。

氯仿沥青"A"是常规油气勘探中常用的指标, 氯仿沥青"A"的组成(C_{15+})与原油接近, 能够较好地衡量储层中油的含量。在抽提氯仿沥青"A"的实验过程中, 需要先将样品在 40~50℃的条件下干燥 4h, 再采用机械粉碎样品, 抽提物的浓缩采用在 80℃条件下溶剂蒸发的方式。因此, 氯仿沥青"A"的数据也存在轻烃组分挥发损失严重的问题, 应用时需要先进行轻烃恢复。

Hunt 等(1980)认为有大约 30%的轻烃($C_{6~13}$)损失, Cooles 等(1986)认为大约有 35%的轻烃损失, 张林晔等(2012)认为轻烃损失率可达到 50%。薛海涛等(2016)通过对比认为, 尽管样品长时间放置造成轻烃损失, 但热解实验比氯仿沥青"A"抽提造成的轻烃($C_{6~13}$)损失少。

5.2.1　参数的校正

1. 热解参数 S_1 的校正

热解参数 S_1 的数据由 Rock-Eval 分析得出, 代表岩石中的可抽提游离态烃含量(岩石残留烃量, $C_{6~33}$组分)。基于岩石热解实验原理, 热解 S_1 中的原始可溶烃量应包含 3 部分: ①实验测得的数据量 S_1; ②损失的轻烃含量($C_{6~13}$); ③被视为 S_2 中 S_1 重质组分的含量。因此, 热解参数 S_1 的轻烃补偿和重烃校正公式为

$$S_i = S_1 + K_{重烃}S_1 + K_{轻烃}S_1 \tag{5.1}$$

式中, S_i 为不同级别泥页岩含烃量, mg/g; S_1 为热解烃量, mg/g; $K_{重烃}$ 为重烃校正系数, 无量纲; $K_{轻烃}$ 为轻烃补偿系数, 无量纲。

对于 S_1 的重烃校正系数的求取, 需要对样品抽提前和抽提后热解得到的 S_2 进行对比, S_2 与抽提后的测试结果 S_2'的差值(ΔS_2)即为游离烃的重质组分, 据此得到不同类型的干酪根和不同演化阶段的 ΔS_2 与 S_1 的比值, 从而确定 S_1 的重烃校正系数 $K_{重烃}$的计算公式:

$$K_{重烃} = \frac{\Delta S_2}{S_1} = \frac{S_2 - S_2'}{S_1} \tag{5.2}$$

王安乔和郑保明(1987)通过对胜利油田、辽河油田、大庆油田、河南油田和珠江口盆地等六十余块样品的热解色谱分析, 认为 ΔS_2 与干酪根类型和演化阶段有关。朱日房等(2015)对沙四上亚段—沙三下亚段样品进行氯仿抽提物及热解实验, 计算不同深度样品的 ΔS_2 的数值。在进一步对比 S_2 中可溶重烃比例(Ks_2)时发现, 随着埋深和演化程度的升高, Ks_2 的值逐渐增大(图 5.5)。

轻烃补偿系数 $K_{轻烃}$的求取通常采用两组样品对比研究获得。一组样品在取心现场密封并用液氮冷冻, 运回后迅速磨碎并进行热解实验。另一组样品放置后在常温下进行处理并进行后续热解实验, 两组实验的数据差值即为轻烃的损失部分。张林晔等(2012)认为渤南洼陷沙三下亚段的样品 S_1 轻烃损失率达到实测值的 50%, 朱日房等(2015)发现轻烃补偿系数($K_{轻烃}$)随深度的增加有明显增加的趋势(图 5.6)。其研究区及目的层段与本书

一致，$K_{重烃}$和 $K_{轻烃}$引用朱日房（2015）的计算结果。重烃校正后的含量约为实测 S_1 的 1.5 倍，轻烃补偿量约为实测 S_1 的 0.5 倍，因此校正后的热解参数 S_1 的含量约为实测 S_1 的 3 倍。

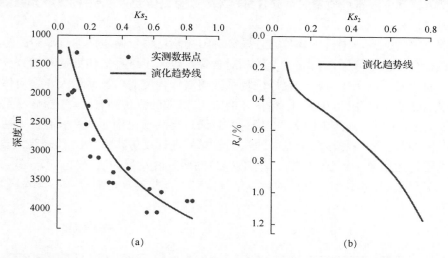

图 5.5　热解参数 S_2 中 Ks_2 随深度及有机质成熟度（R_o）演化的变化曲线（朱日房等，2015）

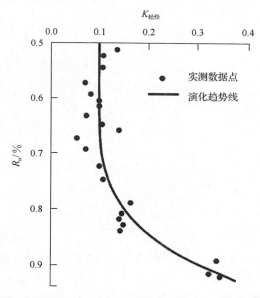

图 5.6　热解参数 S_1 中 $K_{轻烃}$随有机质成熟度（R_o）演化的变化曲线（朱日房等，2015）

2. 氯仿沥青"A"的校正

在进行氯仿抽提物实验过程中，样品的制备和抽提物溶剂蒸发分离过程中均会造成轻烃（$C_{6\sim13}$）损失，获得的氯仿沥青"A"的数据实为成分 C_{14+} 的组分。采用氯仿沥青"A"度量液态烃的表达式应为

$$Q = K_a A \tag{5.3}$$

式中，Q 为样品中液态烃质量的百分含量，%；K_a 为氯仿沥青"A"的恢复系数；A 为实验的测量值，%。

宋国奇等(2013)、朱日房等(2015)采集济阳拗陷自生自储岩性油气藏中的烃源岩样品直接进行全油色谱分析，获取 C_{14} 的相对含量，进一步进行氯仿抽提和组分分析。结合周边泥页岩资料的系统分析，轻烃恢复系数随演化程度的增加而增大，镜质体反射率 R_o 分别为 0.5%、0.7%、0.9%、1.1%和 1.3%时，对应的氯仿沥青"A"的恢复系数分别为 1.09、1.16、1.3、1.41 和 1.52。王娟(2015)通过自然演化剖面法和低温密闭抽提实验对东营凹陷沙四上亚段和沙三下亚段的泥页岩样品进行氯仿沥青"A"的轻烃恢复，所得系数与宋国奇的结果一致(图 5.7)。王娟(2015)的研究区及目的层段与本书一致，氯仿沥青"A"的轻烃恢复系数引用王娟的计算结果，对 4 口井的氯仿沥青"A"实验数据进行校正。

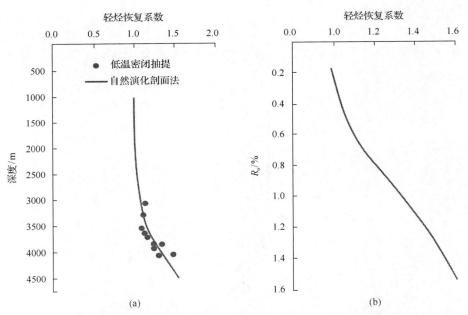

图 5.7　氯仿沥青"A"的轻烃恢复系数随深度及有机质成熟度(R_o)演化的变化曲线(王娟，2015)

5.2.2　页岩油含油性分级标准

利用 TOC 含量、热解参数 S_1 和氯仿沥青"A"的数据对页岩油含油性进行分级时，分级标准应以富集程度及可采性作为基础和前提，其中富集程度应作为分级的第一要素。对于页岩油的分级方法，张金川等(2012)基于美国海相页岩气的开发经验，将海相的泥页岩分为 3 级，分别对应 0.3%≤TOC≤1.5%、1.5%＜TOC≤2.0%和 TOC＞2.0%。Jarvie(2012)根据页岩油井的勘探开发实际，提出了 ($S_1/$TOC)×100＞100mg/g TOC 的有利页岩油划分标准，由于中美页岩油地质特征差异较大，该参数标准并不适用。卢双舫等

(2012)对比松辽盆地嫩江组和青山口组、伊通盆地双阳组、渤海湾盆地渤南洼陷沙河街组和海拉尔盆地乌尔逊南一段的 TOC 含量、热解参数 S_1 和氯仿沥青"A"的参数关系，发现埋藏深度较深、有机质成熟度较高($R_o>0.7\%$)时，热解参数 S_1、氯仿沥青"A"随 TOC 含量的增大表现为明显的三段性特点，不同区块的界限范围略有不同，文中提出的划定界限思路并未对热解参数 S_1 及氯仿沥青"A"进行参数校正，推荐以 TOC 含量标准作为分级评价的主要依据。宋国奇等(2014)采用 TOC 含量、热解参数 S_1 和氯仿沥青"A"的相互关系，按照含油量的高低分为富集资源、分散资源和无效资源。薛海涛等(2015)的研究认为松辽盆地青山口组的可动油含量下限为 75mg/g TOC。

除考虑 TOC 含量指标外还应结合有机质成熟度(R_o)才能有效划定分级标准。渤海湾盆地沙河街组有机质类型主要为腐泥型(Ⅰ)和腐殖-腐泥型(Ⅱ₁)。未熟阶段均为无效页岩油窗。处于低熟或高熟阶段的有机质成油量有限，只能达到低效资源级别，主成油期应为富集页岩油窗的成熟阶段($R_o>0.7\%$)。沾化凹陷沙三下亚段顶深 2900m 已进入成熟阶段，东营凹陷基本上都到了成熟阶段，门限深度在 3250m 左右(潘仁芳等，2016)。

通过校正并整理热解参数 S_1 及氯仿沥青"A"的数据，分别建立了 TOC 含量与热解参数 S_1、氯仿沥青"A"的对应关系(图 5.8)。TOC 含量与热解参数 S_1 和氯仿沥青"A"呈正相关关系，随着 TOC 含量的升高，热解参数 S_1 和氯仿沥青"A"呈明显的上升趋势。TOC 含量与热解参数 S_1 的关系密切并非偶然，二者的相关性正是各种岩性因素对游离态烃的综合反映(Tissot and Welte, 1978)。一方面富含有机母质的源岩在水动力条件较弱的还原环境下沉积保存下来，这类岩石中富含一定量的黏土矿物，微孔隙较多，比表面积大，在沉积过程中对周围介质中的有机母质具有吸附凝聚作用。另一方面，在其他条件相同的情况下富含有机母质的岩石能够生成更多的油气。因此，有机质丰度综合反映了岩性对页岩油储层游离烃的控制作用，这种相关性为页岩油含油性分级评价提供了重要依据(薛海涛，2003)。

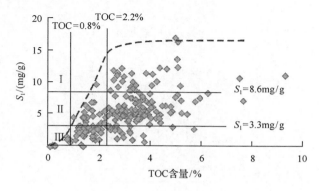

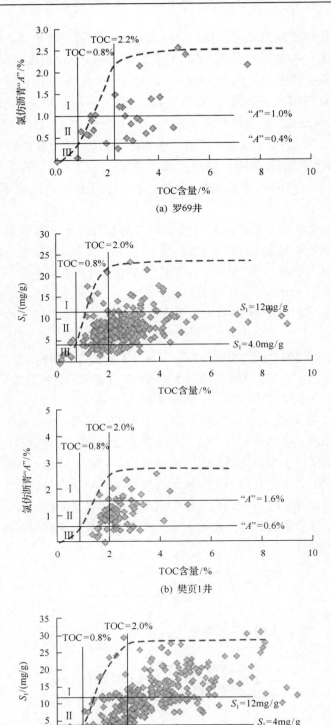

(a) 罗69井

(b) 樊页1井

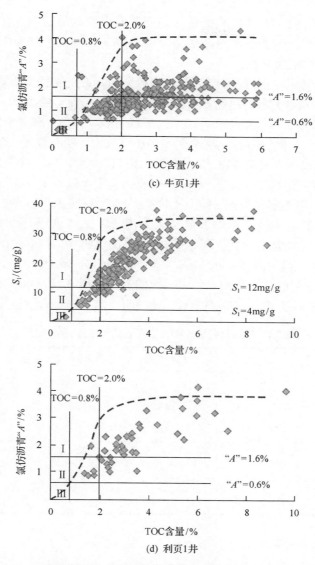

图 5.8　页岩油储层 TOC 含量与热解参数 S_1、氯仿沥青"A"的关系

综合对比页岩油储层 TOC 含量与热解参数 S_1 和氯仿沥青"A"的相关性，热解参数 S_1 和氯仿沥青"A"随着 TOC 含量的升高表现出"三分性"的特征：①当 TOC 含量处于某一高值(TOC=2%)时期后，热解参数 S_1 和氯仿沥青"A"也达到某一高值并趋于稳定，这就表明当有机质的生烃量达到一定的临界值时，储层中的含油量也会达到顶点，高于临界值的烃类会被排出，因此，这类储层中的烃类赋存最为丰富，是页岩油评价和勘探中的有利对象，可以称之为富集资源或饱和资源，页岩油含油性定为Ⅰ级。②在 TOC 含量较低(TOC<0.8%)、热解参数 S_1 和氯仿沥青"A"的低值区域，有机质生成的游离烃难于满足自身残留的需要，分布于微观孔缝中或吸附于干酪根表面，储层中的含油量很少且分散，难以经济有效地开发开采，因此，为无效资源或分散资源，页岩油

含油性定为Ⅲ级。③处于高值区和低值区之间的储层含油量居中，采用现有技术暂时无法完全开采，随着技术的发展有望成为开发对象，这种类型称为低效资源或欠饱和资源，页岩油含油性定为Ⅱ级。

TOC 含量相对稳定，根据 TOC 含量确定的分级标准能够较真实地反映页岩油的富集情况，调研北美及我国页岩油资源的地球化学分析数据及分级方法，以 TOC 含量为 1.0%或 2.0%作为界限值居多(Jarvie，2012；卢双舫等，2012；邹才能等，2013)。以图 5.8(a)为例，在 TOC 含量与热解参数 S_1 关系图的基础上，绘制数据点包络线，根据热解参数 S_1 高值区包络线拐点确定 TOC 含量分界上限(TOC=2.2%)。根据热解参数 S_1 低值区包络线拐点确定热解参数 S_1 分界下限(S_1=3.3mg/g)及 TOC 含量分界下限(TOC=0.8%)，三条线段交于一点。取热解参数 S_1 中值区包络线中点所对应的热解参数 S_1 确定热解参数 S_1 上限(8.6mg/g)。TOC 含量、热解参数 S_1 及氯仿沥青"A"的界限均按照此思路确定。

TOC 含量与热解参数 S_1、氯仿沥青"A"关系图表明 4 口取心井的热解参数 S_1、氯仿沥青"A"与 TOC 含量存在等级性规律，由于矿物组分、储集空间、沉积环境、埋藏深度及生烃演化的差异性，页岩油含油性分级的界限有所不同。本书依照得到的实验数据，参照上述判别标准方法，建立渤海湾盆地沙河街组页岩油含油性评价标准(表 5.1)。

表 5.1　渤海湾盆地沙河街组页岩油含油性分级标准

区块	井号	级别	TOC 含量/%	热解参数 S_1/(mg/g)	氯仿沥青"A"/%
沾化凹陷	罗 69 井	Ⅰ	>2.2	>8.6	>1.0
		Ⅱ	0.8～2.2	3.3～9.6	0.4～1.0
		Ⅲ	<0.8	<3.3	<0.4
东营凹陷	樊页 1 井 牛页 1 井 利页 1 井	Ⅰ	>2.0	>12.0	>1.6
		Ⅱ	0.8～2.0	4.0～12	0.6～1.6
		Ⅲ	>0.8	<4.0	<0.6

5.2.3　$\Delta \lg R$ 模型计算参数

受到岩石样品量、取样层位、实验周期和经费等方面的限制，仅依靠有限实验样品的测试数据点并不能反映关键参数在纵向上连续分布的需要。测井资料具有纵向连续分布的优势，页岩油储层固有的物理、化学性质使其具有一定的测井响应特征，相比于其他不含有机质的沉积岩在密度测井、声波时差和电阻率测井中都具有一定的区别。Passey 等(1990)的研究认为在成熟的烃源岩中，声波时差与电阻率会有分离的情况，当有液态烃存在时，电阻率增大，同时曲线间距增加(图 5.9)。TOC 含量、氯仿沥青"A"和热解参数 S_1 越高的岩层在测井曲线上的响应越大(王文广等，2015)。

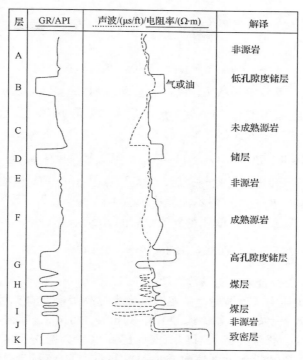

层	GR/API	声波/(μs/ft)/电阻率/(Ω·m)	解译
A			非源岩
B		气或油	低孔隙度储层
C			未成熟源岩
D			储层
E			非源岩
F			成熟源岩
G			高孔隙度储层
H			煤层
I			煤层
J			非源岩
K			致密层

图 5.9　测井曲线识别页岩油示意图(Passey et al., 1990)

利用声波时差与电阻率曲线之间存在幅度差的特点，由埃克森(EXXON)和埃索(ESSO)石油公司推导和实验得到的 ΔlgR 模型能够反映页岩油储层中有机质丰度的变化，其公式为

$$\Delta\lg R = \lg(R/R_{基}) + K(\Delta t - \Delta t_{基}) \tag{5.4}$$

式中，R 为实测电阻率，$\Omega\cdot m$；Δt 为声波时差，μs/ft；$R_{基}$为基线对应的电阻率，$\Omega\cdot m$；$\Delta t_{基}$为基线对应的声波时差，μs/ft；K 为叠合系数，0.02。

随着有机质丰度的增加、含烃量的增大，电阻率和声波时差呈增大趋势，两者之间的幅度差增大，理论上 ΔlgR 模型能够定量表征储层的含烃量。以 TOC 含量为例，由 ΔlgR 计算的 TOC 含量经验公式为

$$\text{TOC} = \Delta\lg R \times 10^{(2.297-0.1688\text{LOM})} + R_{o} \tag{5.5}$$

式中，TOC 为计算的有机碳含量，%；ΔTOC 为有机碳含量背景值，需人为确定；R_o 为有机质成熟度。

电阻率和声波时差虽然都对孔隙度有敏感的相应特征，孔隙度增大导致声波时差增大而电阻率减小，二者之间的变化幅度呈反比。但只要叠合系数 K 选取适当，这两条曲线就会产生同样的幅度偏移，该方法在一定程度上消除了孔隙度对测井响应的影响。但在实际应用中，ΔlgR 模型的基线值和 TOC 含量背景值的确定均存在较多人为因素，叠合系数 K 需要考虑烃类流体和干酪根的比例，也不应该是定值(胡慧婷等，2011)。根据 ΔlgR 的原理对 ΔlgR 模型进行改进，改进后的动态 K 值可表达为

$$K = \lg(R_{\max} / R_{\min}) / (\Delta t_{\max} - \Delta t_{\min}) \qquad (5.6)$$

假定基线后可得

$$\Delta t_{基线} = \Delta t_{\max} - \lg(R_{基} / R_{\min}) / K \qquad (5.7)$$

式中，$R_{基}$、$\Delta t_{基}$ 与式 (5.4) 中的意义相同，$R_{\max}(\Delta t_{\max})$ 和 $R_{\min}(\Delta t_{\min})$ 分别为电阻率和声波时差曲线叠合时电阻率 (声波时差) 曲线刻度的最大值和最小值，$\Omega \cdot m$。

将式 (5.6) 和式 (5.7) 带入式 (5.4) 得

$$\Delta \lg R = \lg R + \lg(R_{\max} / R_{\min}) / (\Delta t_{\max} - \Delta t_{\min}) \cdot (\Delta t - \Delta t_{\max}) - \lg R_{\min} \qquad (5.8)$$

因此，只要电阻率和声波时差叠合后，便可计算出 $\Delta \lg R$ 值。在控制深度范围的情况下，有机质成熟度参数 R_o 变化一般不大，式 (5.5) 中的 $10^{(2.297-0.1688LOM)}$ 可视为定值，将式 (5.6) 和式 (5.8) 带入式 (5.5) 中，简化得到改进后的 $\Delta \lg R$ 模型：

$$TOC = A \times \lg R + B \times \Delta t + C \qquad (5.9)$$

式中，A、B 和 C 均为拟合公式的系数。

该模型只需要电阻率及声波时差的参数，大大提高了模型的实用性，在我国多地区页岩油储层中应用效果良好 (黄文彪等，2014；刘超等，2014；朱景修等，2015)。在 TOC 含量数据、校正后的热解参数 S_1 和氯仿沥青 "A" 的实验数据的基础上，采用 2.5m 视电阻率 (R25) 与声波时差 (AC) 测井曲线数据对 4 口井的 TOC 含量、热解参数 S_1 和氯仿沥青 "A" 的数据进行模拟，计算 4 口井共计一千余米取心段的数据点，计算结果与实测数据吻合度较高，误差控制在 ±5% (图 5.10，图 5.11)。

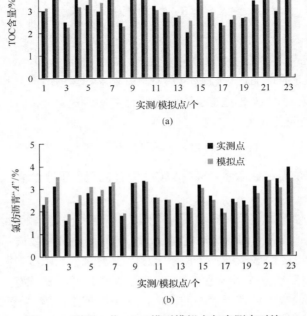

图 5.10　利页 1 井 $\Delta \lg R$ 模型模拟点与实测点对比

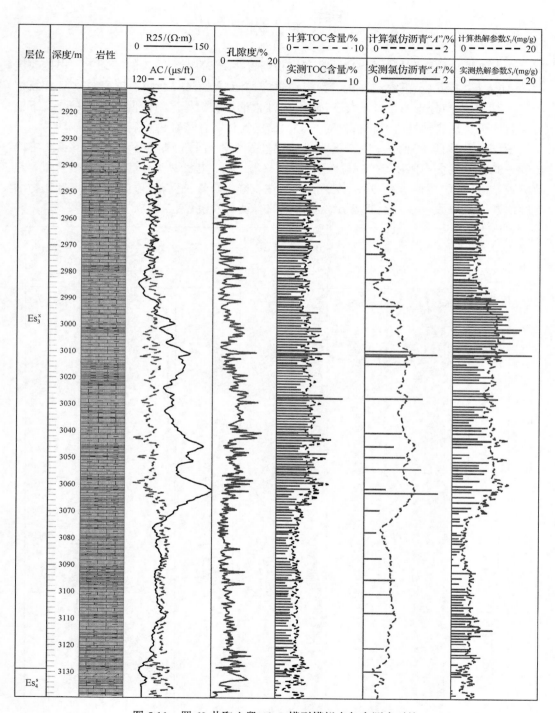

图 5.11　罗 69 井取心段 $\Delta \lg R$ 模型模拟点与实测点对比

5.3　页岩油流体赋存特征

在有机地球化学数据热解参数 S_1 和氯仿沥青"A"的参数校正的基础上，根据改进后的 $\Delta \lg R$ 模型刻画了渤海湾盆地沙河街组页岩油储层的 TOC 含量、热解参数 S_1 和氯仿沥青"A"的垂向分布，并依据表 5.1 中页岩油含油性分级标准对沙四上亚段—沙三下亚段储层的页岩油含油性进行评价，对页岩油储层流体赋存特征进行研究。

罗 69 井沙四上亚段—沙三下亚段储集性及含油性评价图显示，沙三下亚段中段 2998～3070m 层段电阻率(R25)与声波时差(AC)分离，电阻率明显增大，TOC 含量、热解参数 S_1 及氯仿沥青"A"指示该层段含油性较好，页岩油含油性均为 I 类，推测为沾化凹陷沙四上亚段—沙三上亚段页岩油富集的有利岩性段(图 5.12)。

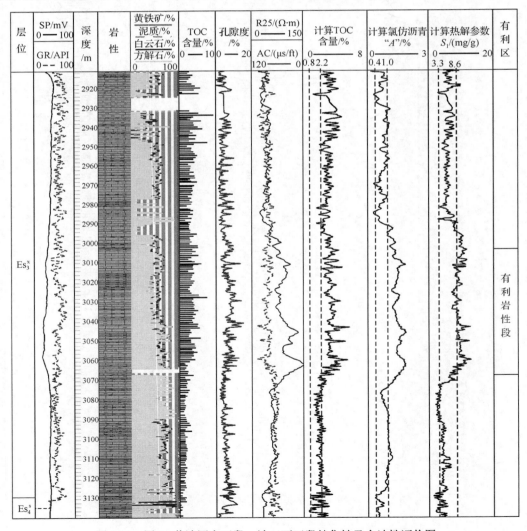

图 5.12　罗 69 井沙四上亚段—沙三下亚段储集性及含油性评价图

　　2998～3070m 层段的孔隙度较其他层段偏高，孔隙度范围为 2.6%～15.3%，平均为 6.83%。扫描电子显微镜下观察 2998～3070m 层段样品的微观特征，孔径在几百纳米范围的粒间孔大量发育，常见微米级溶蚀孔，粒间孔、溶蚀孔、晶间孔和层理缝中液态烃赋存特征明显，显示孔隙间连通性较好(图 5.13)。该层段的氮气等温吸附样品 3 块，吸附等温线类型为Ⅲ型，分形维数为 2.45～2.51，表明孔隙以平行板状孔为主，其次为细

(a) 井深3012.9m，粒间孔发育，照片　　　　(b) 井深3068m，液态烃充填粒间孔；
　　中测量孔隙范围200.2～510.5nm；　　　　　　　背散射电子图像
　　二次电子图像

(c) 井深3012.72m，液态烃充填粒间孔　　　(d) 井深2999.1m，见孔径约100μm
　　和溶蚀孔；二次电子图像　　　　　　　　　(短径)溶蚀孔，液态烃赋存；
　　　　　　　　　　　　　　　　　　　　　　　二次电子图像

(e) 井深2999.1m，液态烃充填黄铁　　　(f) 井深3042.35m，液态烃充填粒间孔、
　　矿晶间孔；二次电子图像　　　　　　　晶间孔和溶蚀孔；背散射电子图像

图 5.13　罗 69 井 2998～3070m 层段储集空间及烃类赋存特征

颈广体孔，孔隙结构复杂程度偏低，连通性较好。岩性组合为纹层状灰质泥岩和泥质灰岩互层，通过扫描电子显微镜定量分析可知，灰质泥岩和泥质灰岩互层的面孔率为6%～8%，发育大量纳米–微米级粒间孔，有利于页岩油的赋存。

　　樊页1井沙四上亚段—沙三下亚段的TOC含量主体为2%～3%，具备页岩油富集的必要物质基础。氯仿沥青"A"和热解参数S_1显示，以Ⅱ级页岩油含油性为主，Ⅰ级页岩油赋存不连续（图 5.14）。3199～3212m层段有机质丰度较高，有机地球化学指示特

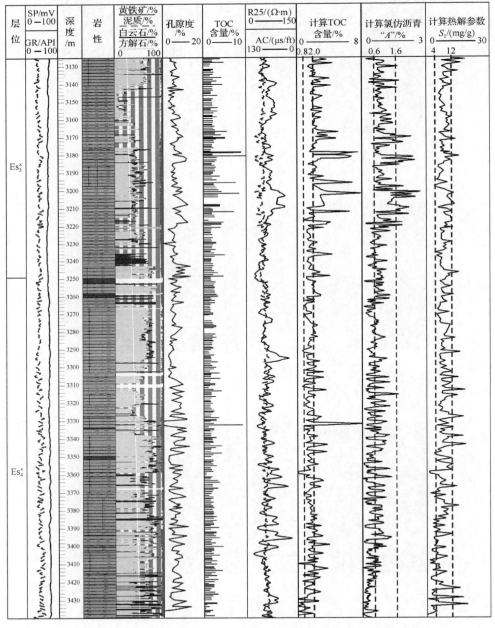

图 5.14　樊页1井沙四上亚段—沙三下亚段储集性及含油性评价图

征明显，该层段 3198～3210m 试油日产 2.41t。岩性为灰质泥岩和泥质灰岩互层，孔隙度范围为 4.8%～12.3%，平均孔隙度为 7.7%。

　　牛页 1 井沙四上亚段—沙三下亚段的 TOC 含量主体为 2%～3%，沙四上亚段 3395～3440m 层段，有机地球化学数据显示游离烃含量略高。岩性主要为灰质泥岩与泥质灰岩互层，孔隙度变化快，范围为 7%～17.7%，平均为 11.41%（图 5.15）。该层段测试的 4 个氮气等温吸附泥质灰岩样品结果显示，吸附等温线类型为 II 类，比表面积平均值为 6.93cm²/g，分形维数平均值为 2.58，说明孔隙结构包括细颈广体孔（墨水瓶形孔）和平行板状孔，纳米级孔隙较多且孔隙结构复杂，非均质性强。3395～3440m 层段的扫描电子显微镜观察显示，泥质灰岩与灰质泥岩互层特征明显，方解石含量较高，见大量方解石晶间孔和晶内孔，方解石胶结现象严重（图 5.16）。因此，氮气吸附实验显示的纳米级孔隙结构特征在很大程度上来自孔隙连通性较差的方解石晶间孔和晶内孔。3395～3440m 层段不是页岩油赋存及开发的有利岩性段。

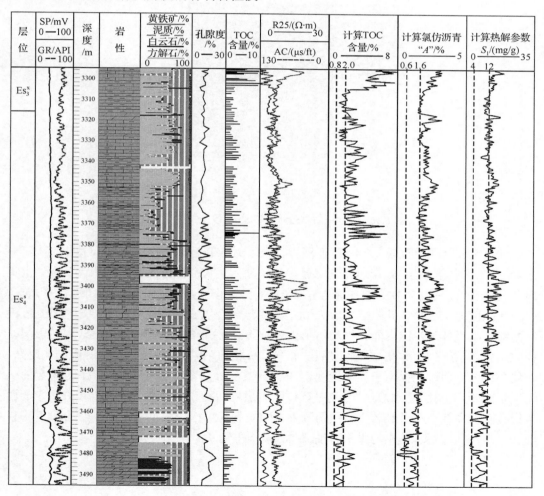

图 5.15　牛页 1 井沙四上亚段—沙三下亚段储集性及含油性评价图

(a) 井深3401.05m，　　　　　　　　　　(b) 井深3401.05m，
层理特征明显，二次电子图像　　　　　方解石胶结现象严重，二次电子图像

(c) 井深3425.79m，
晶间孔发育，孔隙连通性差，背散射电子图像

图 5.16　牛页 1 井 3395～3440m 层段储集空间特征

　　利页 1 井沙四上亚段—沙三下亚段中，3630～3680m 层段 TOC 含量可达 10%，氯仿沥青"A"和热解参数 S_1 指示特征明显，页岩油储层含油性为 I 类，推测为页岩油富集的有利岩性段，主要岩性为灰质泥岩。该层段孔隙度偏高，孔隙度范围为 10.9%～19.5%，平均孔隙度为 15.21%（图 5.17）。从测试的 4 个氮气等温吸附泥岩类样品结果显示，吸附等温线类型为 II 类，比表面积平均值为 8.29cm^2/g，分形维数平均值为 2.6。说明该层段孔隙结构包括细颈广体孔(墨水瓶形孔)和平行板状孔，纳米级孔隙发育且孔隙结构复杂，非均质性强。通过扫描电子显微镜观察 3630～3680m 层段的微观孔隙及流体赋存特征，见大量细颈广体孔(墨水瓶形孔)及平行板状泥质粒间孔和溶蚀孔。图像定量分析表明微米级孔隙对面孔率的贡献较大，图像测量孔隙粒间孔可达 4μm 以上。黄铁矿晶间孔、粒间孔、溶蚀孔和层理缝中均见页岩油流体赋存（图 5.18）。

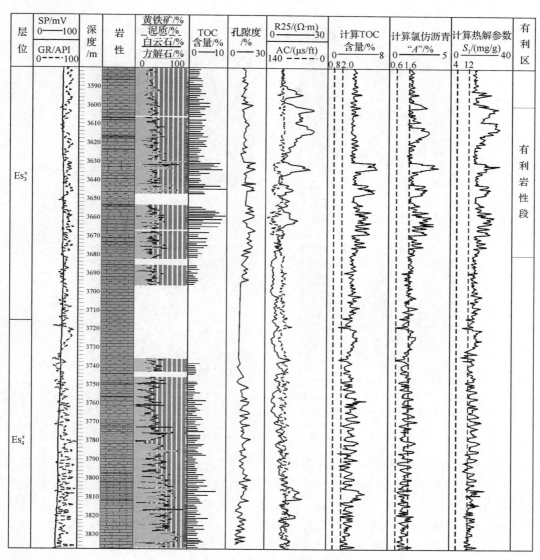

图 5.17　利页 1 井沙四上亚段—沙三下亚段储集性及含油性评价图

(a) 井深3643.28m，细颈广体(墨水
瓶形孔)状泥质粒间孔大量发育；
二次电子图像

(b) 井深3675.6m，平行板状泥质粒
间孔和溶蚀孔发育；
二次电子图像

(c) 井深3673.53m，粒间孔发育，图
像测量孔径范围832.9nm~4.193μm；
二次电子图像

(d) 井深3663.8m，黄铁矿晶间
孔见油迹；二次电子图像

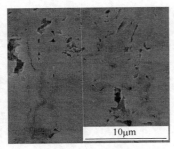

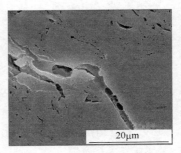

(e) 井深3655.6m，粒间孔和溶蚀孔中
油迹特征明显；二次电子图像

(f) 井深3656.61m，层理缝中游离态液态
烃赋存特征明显；二次电子图像

图 5.18　利页 1 井 3630～3680m 层段储集空间特征

　　综上结果表明，渤海湾盆地沙河街组沙三下亚段含油性相对较好。通过第 4 章的分析，矿物组成是控制孔隙发育的基础，岩性是控制储层好坏的决定性因素。相比较而言，泥质云岩微米级孔隙发育，连通性好，孔隙面孔率及储层孔隙度较高，平行板状孔结构能够为流体的运移提供渗流通道。但在渤海湾盆地沙河街组页岩油储层中，泥质云岩多以薄夹层形式存在，难以形成具有一定厚度的泥质云岩有利岩性段。

　　渤海湾盆地沙河街组页岩油储层中含灰泥岩、灰质泥岩、泥质灰岩和含泥灰岩这 4 种岩性厚度较大，常以多组合互层形式存在。以泥质灰岩和含泥灰岩为主的层段，纳米级及少量微米级粒间孔、溶蚀孔是主要的储集空间，孔隙结构复杂，孔隙连通性一般。通过扫描电子显微镜定量分析及物性影响因素分析，灰质含量越高，孔隙面孔率及储层孔隙度越低，孔隙连通性越差。泥质含量越高，孔隙面孔率及储层孔隙度越高。灰质泥岩层段具有较高的孔隙面孔率及储层孔隙度，流体赋存研究结果显示有利岩性段均以灰质泥岩为主，大量粒间孔和溶蚀孔对页岩油的富集起到了重要作用。同时，层理缝中常见油迹，表明层理缝也为流体的运移提供了有效的渗流通道。因此，渤海湾盆地沙河街组的高含油层段岩性以灰质泥岩为主，其次为灰质泥岩和泥质灰岩互层。

参 考 文 献

包友书, 张林晔, 李钜源, 等. 2012. 济阳拗陷古近系超高压成因探讨[J]. 新疆石油地质, 33 (1): 17-21.

包友书, 张林晔, 张金功, 等. 2016. 渤海湾盆地东营凹陷古近系页岩油可动性影响因素[J]. 石油与天然气地质, 37 (3): 408-414.

边瑞康, 武晓玲, 包书景, 等. 2014. 美国页岩油分布规律及成藏特点[J]. 西安石油大学学报 (自然科学版), 29 (1): 1-9+14-15.

陈世悦, 张顺, 王永诗, 等. 2016. 渤海湾盆地东营凹陷古近系细粒沉积岩岩相类型及储集层特征[J]. 石油勘探与开发, 43 (2): 1-11.

陈小慧. 2017. 页岩油赋存状态与资源量评价方法研究进展[J]. 科学技术与工程, 17 (3): 136-144.

陈一鸣, 魏秀丽, 徐欢. 2012. 北美页岩气储层孔隙类型研究的启示[J]. 复杂油气藏, 5 (4): 19-22.

陈迎宾, 郑冰, 袁东山, 等. 2013. 大邑构造须家河组气藏裂缝发育特征及主控因素[J]. 石油实验地质, 35 (1): 29-35.

陈永. 2010. 多孔材料制备与表征[M]. 合肥: 中国科学技术大学出版社: 14-15.

崔景伟, 邹才能, 朱如凯, 等. 2012. 页岩孔隙研究新进展[J]. 地球科学进展, 27 (12): 1319-1325.

邓美寅, 梁超. 2012. 渤南洼陷沙三下亚段泥页岩储集空间研究: 以罗 69 井为例[J]. 地学前缘, 19 (1): 173-181.

董春梅, 马存飞, 林承焰, 等. 2015a. 一种泥页岩层系岩相划分方法[J]. 中国石油大学学报 (自然科学版), 39 (3): 1-7.

董春梅, 马存飞, 栾国强, 等. 2015b. 泥页岩热模拟实验及成岩演化模式[J]. 沉积学报, 33 (5): 1052-1061.

樊馥, 蔡进功, 徐金鲤, 等. 2011. 泥质烃源岩不同有机显微组分的原始赋存态[J]. 同济大学学报 (自然科学版), 39 (3): 434-439.

冯增昭. 1994. 沉积岩石学: 上册[M]. 第 2 版. 北京: 石油工业出版社: 124-125.

高世葵, 董大忠, 王红军, 等. 2014. 致密油基本特征与商业化勘探开发实践--以巴肯为例[J]. 非常规油气, 1 (1): 65-74.

公言杰, 柳少波, 朱如凯, 等. 2015. 松辽盆地南部白垩系致密油微观赋存特征[J]. 石油勘探与开发, 42 (3): 294-299.

郭佳, 曾溅辉, 宋国奇, 等. 2014. 东营凹陷中央隆起带沙河街组碳酸盐胶结物发育特征及其形成机制[J]. 地球科学 (中国地质大学学报), 39 (5): 565-576.

郭宁, 黄天林, 周正, 等. 2010. EBSD 技术结合背散射电子成像在材料研究中的应用[J]. 电子显微学报, 29 (1): 732-740.

郭为, 熊伟, 高树生, 等. 2013. 温度对页岩等温吸附/解吸特征影响[J]. 石油勘探与开发, 40 (4): 481-485.

郭旭升, 李宇平, 刘若冰, 等. 2014. 四川盆地焦石坝地区龙马溪组页岩微观孔隙结构特征及其控制因素[J]. 天然气工业, 34 (6): 9-16.

国家发展和改革委员会. 2006. 岩心分析方法: SY/T 5336-2006[S]. 北京: 石油工业出版社: 19-20.

国家石油和化学工业局. 2010. 岩石薄片鉴定: SY/T 5368-2000[S]. 北京: 石油工业出版社: 2-8.

国家质量监督检验检疫总局, 国家标准化管理委员会. 2008. 压汞法和气体吸附法测定固体材料孔径分布和孔隙度 第 2 部分: 气体吸附法分析介孔和大孔: GB/T 21650.2-2008/ISO 15901-2: 2006[S]. 北京: 中国人民大学出版社.

郝运轻, 王朴, 刘惠民, 等. 2016. 济阳拗陷古近系泥页岩成因相划分[J]. 岩石矿物学杂志, 35 (6): 981-990.

郝运轻, 谢忠怀, 周自立, 等. 2012. 非常规油气勘探领域泥页岩综合分类命名方案探讨[J]. 油气地质与采收率, 19 (6): 16-24.

何斌, 宁正福, 杨峰, 等. 2015. 页岩等温吸附实验及实验误差分析[J]. 煤炭学报, 40 (S1): 177-184.

何建华, 丁文龙, 付景龙, 等. 2014. 页岩微观孔隙成因类型研究[J]. 岩性油气藏, 26 (5): 30-35.

侯建, 罗福全, 李振泉, 等. 2014. 岩心微观与油藏宏观剩余油临界描述尺度研究[J]. 油气地质与采收率, 21 (6): 95-98.

胡慧婷, 卢双舫, 刘超, 等. 2011. 测井资料计算源岩有机碳含量模型对比及分析[J]. 沉积学报, 29 (6): 1199-1205.

胡琳, 朱炎铭, 陈尚斌, 等. 2013. 蜀南双河龙马溪组页岩孔隙结构的分形特征[J]. 新疆石油地质, 34 (1): 79-82.

黄第藩, 张大江, 王培荣, 等. 2003. 中国未成熟石油成因机制和成藏条件[M]. 北京: 石油工业出版社 27-32.

黄文彪, 邓守伟, 卢双舫, 等. 2014. 泥页岩有机非均质性评价及其在页岩油资源评价中的应用——以松辽盆地南部青山口组为例[J]. 石油与天然气地质, 35(5): 704-711.

黄潇, 张金川, 李晓光, 等. 2015. 陆相页岩孔隙类型、特征及油气共聚过程探讨——以辽河拗陷西部凹陷为例[J]. 天然气地球科学, 26(7): 1422-1432.

霍多特. 1996. 煤与瓦斯突出[M]. 宋世钊, 王佑安, 译. 北京: 中国工业出版社: 18-33.

贾承造, 邹才能, 李建忠, 等. 2012a. 中国致密油评价标准、主要类型、基本特征及资源前景[J]. 石油学报, 33(3): 343-350.

贾承造, 郑民, 张永峰. 2012b. 中国非常规油气资源与勘探开发前景[J]. 石油勘探与开发, 39(2): 129-136.

姜在兴. 2010. 沉积学[M]. 第2版. 北京: 石油工业出版社.

姜在兴, 梁超, 吴靖, 等. 2013. 含油气细粒沉积岩研究的几个问题[J]. 石油学报, 34(6): 1032-1038.

姜在兴, 张文昭, 梁超, 等. 2014. 页岩油储层基本特征及评价要素[J]. 石油学报, 35(1): 184-196.

蒋启贵, 黎茂稳, 钱门辉, 等. 2016. 不同赋存状态页岩油定量表征技术与应用研究[J]. 石油实验地质, 38(6): 842-849.

焦堃, 姚素平, 吴浩, 等. 2014. 页岩气储层孔隙系统表征方法研究进展[J]. 高校地质学报, 20(1): 151-161.

金强, 朱光友, 王娟. 2008. 咸化湖盆优质烃源岩的形成与分布[J]. 中国石油大学学报(自然科学版), 32(4): 19-23.

康仁华, 刘魁元, 赵翠霞, 等. 2002. 济阳拗陷渤南洼陷古近系沙河街组沉积相[J]. 古地理学报, 4(4): 19-29.

李广之, 胡斌, 邓天龙, 等. 2007. 不同赋存状态轻烃的分析技术及石油地质意义[J]. 天然气地球科学, 18(1): 111-116.

李海波, 郭和坤, 杨正明, 等. 2015. 鄂尔多斯盆地陕北地区三叠系长7致密油赋存空间[J]. 石油勘探与开发, 42(3): 396-400.

李吉君, 史颖琳, 章新文, 等. 2014. 页岩油富集可采主控因素分析: 以泌阳凹陷为例[J]. 地球科学(中国地质大学学报), 39(7): 848-857.

李吉君, 史颖琳, 黄振凯, 等. 2015. 松辽盆地北部陆相泥页岩孔隙特征及其对页岩油赋存的影响[J]. 中国石油大学学报(自然科学版), 39(4): 27-34.

李钜源. 2013. 东营凹陷泥页岩矿物组成及脆度分析[J]. 沉积学报, 31(4): 616-620.

李钜源. 2014. 东营利津洼陷沙四段页岩含油气量测定及可动油率分析与研究[J]. 石油实验地质, 36(3): 365-369.

李钜源. 2015. 渤海湾盆地东营凹陷古近系泥页岩孔隙特征及孔隙度演化规律[J]. 石油实验地质, 37(5): 566-574.

李文浩, 卢双舫, 薛海涛, 等. 2016. 江汉盆地新沟嘴组页岩油储层物性发育主控因素[J]. 石油与天然气地质, 37(1): 56-61.

李志明, 余晓露, 徐二社, 等. 2010. 渤海湾盆地东营凹陷有效烃源岩矿物组成特征及其意义[J]. 石油实验地质, 32(3): 270-275.

梁超. 2015. 含油气细粒沉积岩沉积作用与储层形成机理[D]. 北京: 中国地质大学学位论文: 32-35.

林森虎, 邹才能, 袁选俊, 等. 2011. 美国致密油开发现状及启示[J]. 岩性油气藏, 23(4): 25-30.

刘宝珺. 1980. 沉积岩石学[M]. 北京: 地质出版社: 137-139.

刘超, 卢双舫, 薛海涛. 2014. 变系数ΔlgR方法及其在泥页岩有机质评价中的应用[J]. 地球物理学进展, 29(1): 312-317.

刘春莲, 董艺辛, 车平, 等. 2006. 三水盆地古近系柿心组黑色页岩中黄铁矿的形成及其控制因素[J]. 沉积学报, 24(1): 75-80.

刘国恒, 黄志龙, 姜振学, 等. 2015. 湖相页岩液态烃对页岩吸附气实验的影响——以鄂尔多斯盆地延长组页岩为例[J]. 石油实验地质, 37(5): 648-659.

刘惠民, 张守鹏, 王朴, 等. 2012. 沾化凹陷罗家地区沙三段下亚段页岩岩石学特征[J]. 油气地质与采收率, 19(6): 11-15.

刘俊来, 曹淑云, 邹运鑫, 等. 2008. 岩石电子背散射衍射(EBSD)组构分析及应用[J]. 地质学报, 27(10): 1638-1645.

刘伟新, 史志华, 朱樱, 等. 2001. 扫描电镜/能谱分析在油气勘探开发中的应用[J]. 石油实验地质, 23(3): 341-343.

刘伟新, 朱晓军, 马安林, 等. 2016. 不同泥岩相有机质赋存特征及对比表面积的影响——以渤海湾盆地沾化凹陷古近系为例[J]. 石油实验地质, 38(2): 204-210.

刘文卿, 汤达祯, 潘伟义, 等. 2016. 北美典型页岩油地质特征对比及分类[J]. 科技通报, 32(11): 13-18.

刘毅, 陆正元, 冯明石, 等. 2017a. 渤海湾盆地东营凹陷沙河街组页岩油储层微观孔隙特征[J]. 地质学报, 91(3): 629-644.

刘毅, 陆正元, 戚明辉, 等. 2017b. 渤海湾盆地沾化凹陷沙河街组页岩油微观储集特征[J]. 石油实验地质, 39(2): 180-194.

柳波, 吕延防, 冉清昌, 等. 2014. 松辽盆地北部青山口组页岩油形成地质条件及勘探潜力[J]. 石油与天然气地质, 35(2): 280-285.

柳波, 吕延防, 赵荣, 等. 2012. 三塘湖盆地马朗凹陷芦草沟组泥页岩系统地层超压与页岩油富集机理[J]. 石油勘探与开发, 39(6): 699-705.

卢双舫, 张敏. 2008. 油气地球化学[M]. 北京: 石油工业出版社.

卢双舫, 黄文彪, 陈方文, 等. 2012. 页岩油气资源分级评价标准探讨[J]. 石油勘探与开发, 39(2): 249-256.

卢双舫, 陈国辉, 王民, 等. 2016. 辽河坳陷大民屯凹陷沙河街组四段页岩油富集资源潜力评价[J]. 石油与天然气地质, 37(1): 8-14.

罗群, 魏浩元, 刘冬冬, 等. 2017. 层理缝在致密油成藏富集中的意义、研究进展及其趋势[J]. 石油实验地质, 39(1): 1-7.

马晖. 2005. 济阳坳陷下第三系构造特征及其对层序的控制[D]. 广州: 中国科学院广州地球化学研究所学位论文.

毛俊莉, 荆铁亚, 韩霞, 等. 2016. 辽河西部凹陷优质页岩层段岩石学类型及其有机地球化学特征[J]. 地学前缘, 23(1): 165-194.

孟元林, 胡安文, 乔德武, 等. 2012. 松辽盆地徐家围子断陷深层区域成岩规律和成岩作用对致密储层含气性的控制[J]. 地质学报, 86(2): 325-334.

聂海宽, 张金川. 2011. 页岩气储层类型和特征研究——以四川盆地及其周缘下古生界为例[J]. 石油实验地质, 33(3): 219-225.

聂海宽, 张培先, 边瑞康, 等. 2016. 中国陆相页岩油富集特征[J]. 地学前缘, 23(2): 55-62.

宁方兴. 2014. 济阳坳陷不同类型页岩油差异性分析[J]. 油气地质与采收率, 21(6): 6-14.

宁方兴. 2015. 济阳坳陷页岩油富集主控因素[J]. 石油学报, 36(8): 905-914.

宁方兴, 王学军, 郝雪峰, 等. 2015. 济阳坳陷页岩油赋存状态和可动性分析[J]. 新疆石油天然气, 11(3): 1-5.

潘仁芳, 陈美玲, 张超谟, 等. 2016. 济阳坳陷古近系沙河街组页岩有机质热演化特征[J]. 地学前缘, 23(4): 277-283.

蒲泊伶, 董大忠, 吴松涛, 等. 2014. 川南地区下古生界海相页岩微观储集空间类型[J]. 中国石油大学学报(自然科学版), 38(4): 19-25.

卿忠, 刘俊田, 张品, 等. 2016. 三塘湖盆地页岩油资源评价关键参数的校正[J]. 石油地质与工程, 30(1): 6-9.

邱楠生, 苏向光, 李兆影, 等. 2006. 济阳坳陷新生代构造-热演化历史研究[J]. 地球物理学报, 49(4): 1127-1135.

邱振, 李建忠, 吴晓智, 等. 2015. 国内外致密油勘探现状、主要地质特征及差异[J]. 岩性油气藏, 23(4): 25-30.

胜利油田石油地质志编写组. 1993. 中国石油地质志: 卷六[M]. 北京: 石油工业出版社.

盛湘, 陈祥, 章新文, 等. 2015. 中国陆相页岩油开发前景与挑战[J]. 石油实验地质, 37(3): 268-271.

宋国奇, 郝雪峰, 刘克奇. 2014. 箕状断陷盆地形成机制、沉积体系与成藏规律--以济阳坳陷为例[J]. 石油与天然气地质, 35(3): 303-310.

宋国奇, 张林晔, 卢双舫, 等. 2013. 页岩油资源评价技术方法及其应用[J]. 地学前缘, 20(4): 221-228.

宋国奇, 徐兴友, 李政, 等. 2015. 济阳坳陷古近系陆相页岩油产量的影响因素[J]. 石油与天然气地质, 36(3): 463-471.

陶宗普. 2006. 济阳坳陷古近系沙河街组层序地层格架及典型沉积的储层分布、隐蔽油气藏形成规律[D]. 北京: 中国地质大学(北京).

田同辉, 陆正元, 戚明辉, 等. 2017b. 东营凹陷沙河街组页岩油储层微观孔隙结构研究[J]. 西南石油大学学报(自然科学版), 39(6): 10-18.

田同辉, 戚明辉, 陆正元, 等. 2017a. 渤海湾盆地沾化凹陷沙河街组页岩油微观储集性[J]. 成都理工大学学报(自然科学版), 44(5): 536-542.

汪志诚. 2003. 热力学·统计物理[M]. 北京: 高等教育出版社.

王安乔, 郑保明. 1987. 热解色谱分析参数的校正[J]. 石油实验地质, 9(4): 343-350.

王芙蓉, 何生, 郑有恒, 等. 2016. 江汉盆地潜江凹陷潜江组盐间页岩油储层矿物组成与脆性特征研究[J]. 石油实验地质, 38(2): 211-218.

王冠民, 任拥军, 钟建华, 等. 2005. 济阳坳陷古近系黑色页岩中纹层状方解石脉的成因探讨[J]. 地质学报, 79(6): 834-838.

王国庆, 宋国奇. 2014. 生烃增压在超压形成中的作用--以东营凹陷西部为例[J]. 科学技术与工程, 14(27): 177-181.

王国亭, 何东博, 王少飞, 等. 2013. 苏里格致密砂岩气田储层岩石孔隙结构及储集性能特征[J]. 石油学报, 34(4): 660-666.

王鸿升, 胡天跃. 2014. 渤海湾盆地沾化凹陷页岩油形成影响因素分析[J]. 天然气地球科学, 25(S1): 141-149.

王居峰. 2005. 济阳拗陷东营凹陷古近系沙河街组沉积相[J]. 古地理学报, 7(1): 45-58.

王娟. 2015. 轻质烃组分的低温密闭抽提技术及其在页岩油资源评价中的应用[J]. 中国石油勘探, 20(3): 58-63.

王亮, 章雄东, 刘玉霞. 2015. 不镀膜页岩样品的氩离子抛光/扫描电镜分析方法研究[J]. 电子显微学报, 34(1): 33-39.

王敏. 2014. 页岩油评价的关键参数及求取方法研究[J]. 沉积学报, 32(1): 174-181.

王敏, 陈祥, 严永新, 等. 2013. 南襄盆地泌阳凹陷陆相页岩油地质特征与评价[J]. 古地理学报, 15(5): 663-671.

王明磊, 张遂安, 张福东, 等. 2015. 鄂尔多斯盆地延长组长 7 段致密油微观赋存形式定量研究[J]. 石油勘探与开发, 42(6): 757-762.

王瑞飞, 齐宏新, 吕新华, 等. 2014. 深层高压低渗砂岩储层可动流体赋存特征及控制因素--以东濮凹陷文东沙三中油藏为例[J]. 石油实验地质, 36(1): 123-128.

王森, 冯其红, 查明, 等. 2015. 页岩有机质孔缝内液态烃烷赋存状态分子动力学模拟[J]. 石油勘探与开发, 42(6): 772-778.

王文广, 郑民, 王民, 等. 2015. 页岩油可动资源量评价方法探讨及在东濮凹陷北部古近系沙河街组应用[J]. 天然气地球科学, 26(4): 771-781.

王香增, 任来义, 贺永红, 等. 2016. 鄂尔多斯盆地致密油的定义[J]. 油气地质与采收率, 23(1): 1-7.

王欣, 齐梅, 李武广, 等. 2015. 基于分形理论的页岩储层微观孔隙结构评价[J]. 天然气地球科学, 26(4): 754-759.

王永诗, 李政, 巩建强, 等. 2013a. 济阳拗陷页岩油气评价方法--以沾化凹陷罗家地区为例[J]. 石油学报, 34(1): 83-91.

王永诗, 王伟庆, 郝运轻. 2013b. 济阳拗陷沾化凹陷罗家地区古近系沙河街组页岩储集特征分析[J]. 古地理学报, 15(5): 657-662.

王永诗, 王勇, 郝雪峰, 等. 2016. 深层复杂储集体优质储层形成机理与油气成藏--以济阳拗陷东营凹陷古近系为例[J]. 石油与天然气地质, 37(4): 490-498.

王勇, 宋国奇, 刘惠民, 等. 2015. 济阳拗陷细粒沉积岩形成环境及沉积构造[J]. 东北石油大学学报, 39(3): 7-14.

王勇, 王学军, 宋国奇, 等. 2016. 渤海湾盆地济阳拗陷泥质页岩岩相与页岩油富集关系[J]. 石油勘探与开发, 43(5): 696-704.

王志伟, 卢双舫, 王民, 等. 2016. 湖相、海相泥页岩孔隙分形特征对比[J]. 岩性油气藏, 28(1): 88-93.

魏祥峰, 刘若冰, 张廷山, 等. 2013. 页岩气储层微观孔隙结构特征及发育控制因素--以川南-黔北 XX 地区龙马溪组为例[J]. 天然气地球科学, 24(5): 1048-1059.

吴富强, 鲜学福, 李后蜀, 等. 2003. 胜利油区博南洼陷沙四上亚段深部储层形成机理[J]. 石油学报, 23(1): 44-48.

武晓玲, 高波, 叶欣, 等. 2013. 中国东部断陷盆地页岩油成藏条件与勘探潜力[J]. 石油与天然气地质, 34(4): 455-462.

熊金玉, 李思田, 唐玄, 等. 2015. 湖相碳酸盐岩致密储层有机质赋存状态与孔隙演化微观机理[J]. 石油与天然气地质, 36(5): 756-765.

徐柏森, 杨静. 2008. 实用电镜技术[M]. 南京: 东南大学出版社.

徐亮. 2012. 东营凹陷沙四段碳酸盐岩成岩作用研究[J]. 矿物岩石, 32(4): 73-80.

徐勇, 吕成福, 陈国俊, 等. 2015. 川东南龙马溪组页岩孔隙分形特征[J]. 岩性油气藏, 27(4): 32-39.

薛海涛. 2003. 碳酸盐岩烃源岩评价标准研究[D]. 大庆: 大庆石油学院: 34-35.

薛海涛, 田善思, 卢双舫, 等. 2015. 页岩油资源定量评价中关键参数的选取与校正--以松辽盆地北部青山口组为例[J]. 矿物岩石地球化学通报, 34(1): 70-78.

薛海涛, 田善思, 王伟明, 等. 2016. 页岩油资源评价关键参数--含油率的校正[J]. 石油与天然气地质, 37(1): 15-22.

鄢继华, 蒲秀刚, 周立宏, 等. 2015. 基于 X 射线衍射数据的细粒沉积岩岩石定名方法与应用[J]. 中国石油勘探, 20(1): 48-53.

严继民, 张启元, 高敬琮. 1986. 吸附与凝聚: 固体的表面与孔[M]. 第 2 版. 北京: 科学出版社: 93-97.

杨超, 张金川, 李婉君, 等. 2014. 辽河拗陷沙三、沙四段泥页岩微观孔隙特征及其成藏意义[J]. 石油与天然气地质, 35(2): 286-294.

杨超, 张金川, 唐玄. 2013. 鄂尔多斯盆地陆相页岩微观孔隙类型及对页岩气储渗的影响[J]. 地学前缘, 20(4): 240-250.

杨峰, 宁正福, 胡昌蓬, 等. 2013. 页岩储层微观孔隙结构特征[J]. 石油学报, 34(2): 301-311.

杨峰, 宁正福, 王庆, 等. 2014. 页岩纳米孔隙分形特征[J]. 天然气地球科学, 25(4): 618-623.

杨海军, 李开开, 潘文庆, 等. 2012. 塔中地区奥陶系埋藏热液溶蚀流体活动及其对深部储层的改造作用[J]. 岩石学报, 28(3): 783-792.

杨华, 李士祥, 刘显阳. 2013. 鄂尔多斯盆地致密油、页岩油特征及资源潜力[J]. 石油学报, 34(1): 1-11.

杨元, 张磊, 冯庆来. 2012. 浙西志棠剖面下寒武统荷塘组黑色岩系孔隙特征[J]. 地质科技情报, 31(6): 110-117.

杨正红, Thommes M. 2005. 气体吸附法进行孔径分析进展——密度函数理论(DFT)及蒙特卡洛法(MC)的应用[J]. 中国粉体工业, 2009, 11(6): 62-66.

于炳松. 2013. 页岩气储层孔隙分类与表征[J]. 地学前缘, 20(4): 211-220.

袁静, 袁凌荣, 杨学军, 等. 2012. 济阳拗陷古近系深部储层成岩演化模式[J]. 沉积学报, 30(2): 231-239.

袁静, 李春堂, 杨学君, 等. 2016. 东营凹陷盐家地区沙四段砂砾岩储层裂缝发育特征[J]. 中南大学学报(自然科学版), 47(5): 1649-1659.

岳伏生, 张景廉, 杜乐天. 2003. 济阳拗陷深部热液活动与成岩成矿[J]. 石油勘探与开发, 30(4): 29-31.

曾允孚, 夏文杰. 1986. 沉积岩石学[M]. 北京: 地质出版社.

张大同. 2009. 扫描电镜与能谱仪分析技术[M]. 广州: 华南理工大学出版社.

张金川, 林腊梅, 李玉喜, 等. 2012. 页岩油分类与评价[J]. 地学前缘, 19(5): 322-331.

张磊磊, 陆正元, 王军, 等. 2016. 渤海湾盆地沾化凹陷沙三下亚段页岩油层段微观孔隙结构[J]. 石油与天然气地质, 37(1): 80-86.

张林晔, 宋一涛, 王广利, 等. 2005. 济阳拗陷湖相烃源岩有机质化学组成特征及其石油地质意义[J]. 科学通报, 50(21): 2392-2402.

张林晔, 李政, 朱日房, 等. 2008. 济阳拗陷古近系存在页岩气资源的可能性[J]. 天然气工业, 28(12), 25-29.

张林晔, 徐兴友, 刘庆, 等. 2011. 济阳拗陷古近系深层成烃与成藏[J]. 石油勘探与开发, 38(5): 530-537.

张林晔, 李政, 李钜源, 等. 2012. 东营凹陷古近系泥页岩中存在可供开采的油气资源[J]. 天然气地球科学, 31(1): 1-13.

张林晔, 李钜源, 李政, 等. 2014. 北美页岩油气研究进展及对中国陆相页岩油气勘探的思考[J]. 地球科学进展, 29(6): 700-710.

张林晔, 李钜源, 李政, 等. 2015. 湖相页岩有机储集空间发育特点与成因机制[J]. 地球科学(中国地质大学学报), 40(11): 1824-1833.

张琴, 朱筱敏, 李晨溪, 等. 2016. 渤海湾盆地沾化凹陷沙河街组富有机页岩孔隙分类及孔径定量表征[J]. 石油与天然气地质, 37(3): 422-432.

张善文, 张林晔, 张守春. 2009. 东营凹陷古近系异常高压的形成与岩性油藏的含油性研究[J]. 科学通报, 54(11): 1570-1578.

张善文, 王永诗, 张林晔, 等. 2012. 济阳拗陷渤南洼陷页岩油气形成条件研究[J]. 中国工程科学, 14(6): 49-55.

张守鹏, 李保利, 贺振建, 等. 2016. 渤海湾盆地古近纪沙三、四段沉积期古盐度不均衡性研究[J]. 沉积学报, 34(2): 397-403.

张顺, 陈世悦, 鄢继华, 等. 2015. 东营凹陷西部沙三下亚段-沙四上亚段泥页岩相及储层特征[J]. 天然气地球科学, 26(2): 320-332.

张顺, 陈世悦, 蒲秀刚, 等. 2016. 断陷湖盆细粒沉积岩相类型及储层特征--以东营凹陷沙河街组和沧东凹陷孔店组为例[J]. 中国矿业大学学报, 45(3): 490-503.

张廷山, 杨洋, 龚其森, 等. 2014. 四川盆地南部早古生代海相页岩微观孔隙特征及发育控制因素[J]. 地质学报, 88(9): 1728-1740.

张廷山, 彭志, 杨巍, 等. 2015. 美国页岩油研究对我国的启示[J]. 岩性油气藏, 27(3): 1-10.

张先伟, 孔令伟. 2013. 利用扫描电镜、压汞法、氮气吸附法评价近海黏土孔隙特征[J]. 岩土力学, 34(S2): 134-142.

张响响, 邹才能, 朱如凯, 等. 2011. 川中地区上三叠统须家河组储层成岩相[J]. 石油学报, 32(2): 257-264.

赵澄林, 朱筱敏. 2001. 沉积岩石学[M]. 第3版. 北京: 石油工业出版社.

赵靖舟, 王芮, 耳闯, 2016. 鄂尔多斯盆地延长组长 7 段暗色泥页岩吸附特征及其影响因素[J]. 地学前缘, 23 (1): 146-153.

赵文智, 王兆云, 王东良, 等. 2015. 分散液态烃的成藏地位与意义[J]. 石油勘探与开发, 42 (4): 401-413.

钟大康, 朱筱敏, 张琴. 2004. 不同埋深条件下砂泥岩互层中砂岩储层物性变化规律[J]. 地质学报, 78 (6): 863-871.

钟太贤. 2012. 中国南方海相页岩孔隙结构特征[J]. 天然气工业, 32 (9): 8-11.

周庆凡, 杨国丰. 2012. 致密油与页岩油的概念与应用[J]. 石油与天然气地质, 33 (4): 541-544

周尚文, 郭和坤, 薛华庆. 2015. 特低渗油藏水驱剩余可动油分布特征实验研究[J]. 西安石油大学学报 (自然科学版), 30 (2): 65-68.

周自立, 吕正谋. 1990. 山东胜利油区第三系碎屑岩埋藏成岩地温计与储层分带特征[J]. 石油与天然气地质, 11 (2): 119-126.

朱光有, 金强, 张水昌, 等. 2004. 东营凹陷沙河街组湖相烃源岩的组合特征[J]. 地质学报, 78 (3): 416-426.

朱景修, 章新文, 罗曦, 等. 2015. 泌阳凹陷陆相页岩油资源与有利区评价[J]. 石油地质与工程, 29 (5): 38-45.

朱日房, 张林晔, 李钜源, 等. 2012. 渤海湾盆地东营凹陷泥页岩有机储集空间研究[J]. 石油实验地质, 34 (04): 352-356.

朱日房, 张林晔, 李钜源, 等. 2015. 页岩滞留液态烃的定量评价[J]. 石油学报, 36 (1): 13-18.

朱如凯, 白斌, 崔景伟, 等. 2013. 非常规油气致密储集层微观结构研究进展[J]. 古地理学报, 15 (5): 615-623.

朱筱敏, 米立军, 钟大康, 等. 2006. 济阳拗陷古近系成岩作用及其对储层质量的影响[J]. 古地理学报, 8 (3): 295-305.

朱筱敏, 王英国, 钟大康, 等. 2007. 济阳拗陷古近系储层孔隙类型与次生孔隙成因[J]. 地质学报, 81 (2): 197-204.

朱筱敏, 刘芬, 谈明轩, 等. 2015. 济阳拗陷沾化凹陷陡坡带始新统沙三段扇三角洲储层成岩作用及有利储层成岩[J]. 地质论评, 61 (4): 833-851.

邹才能, 董大忠, 王社教, 等. 2010a. 中国页岩气形成机理、地质特征及资源潜力[J]. 石油勘探与开发, 37 (6): 641-653.

邹才能, 张光亚, 陶士振, 等. 2010b. 全球油气勘探领域地质特征、重大发现及非常规石油地质[J]. 石油勘探与开发, 37 (2): 129-145.

邹才能, 陶士振, 侯连华, 等. 2011a. 非常规油气地质[M]. 北京: 地质出版社: 39-42.

邹才能, 朱如凯, 白斌, 等. 2011b. 中国油气储层中纳米孔首次发现及其科学价值[J]. 岩石学报: 27 (6): 1857-1864.

邹才能, 朱如凯, 吴松涛, 等. 2012. 常规与非常规油气聚集类型、特征、机理及展望--以中国致密油和致密气为例[J]. 石油学报, 33 (2): 173-187.

邹才能, 杨智, 崔景伟, 等. 2013. 页岩油形成机制、地质特征及发展对策[J]. 石油勘探与开发, 40 (1): 14-26.

邹才能, 翟光明, 张光亚, 等. 2015. 全球常规-非常规油气形成分布、资源潜力及趋势预测[J]. 石油勘探与开发, 42 (1): 13-25.

Ambrose R J, Hartman R C, Diaz-Campos M, et al. 2010. New pore-scale considerations for shale gas in place calculations[C]. Society of Petroleum Engineers Unconventional Gas Conference, Pittsburgh, Pennsylvania.

Angulo S, Buatois L A. 2012. Integrating depositional models, ichnology, and sequence strtigraphy in reservoir characterization: The middle member of the Devonian-Carboniferous Bakken Formation of subsurface southeastern Saskatchewan revisited Bakken Formation of Reservoirs Saskatchewan, Canada[J]. AAPG Bulletin, 96 (6): 1017-1043.

Aplin A C, Macquaker J S H. 2011. Mudstone diversity: Origin and implications for source, seal, and reservoir properties in petroleum systems[J]. AAPG Bulletin, 95 (12): 2031-2059.

Avnir D, Jaroniec M. 1989. An isotherm equation for adsorption on fractal surfaces of heterogeneous porous material[J]. Langmuir, 5 (6): 1412-1433.

Bai B J, Elgmati M, Zhang H, et al. 2013. Rock characterization of Fayetteville shale gas plays[J]. Fuel, 105 (3): 645-652.

Barrett E P, Joyner L G, Halenda P P. 1951. The determination of pore volume and area distributions in porous substances · L. Computations from nitrogen isotherms[J]. Journal of the American Chemical Society, 73 (1): 373-380.

Bennett R H, O′ Brien N R, Hulbert M H. 1991. Determinants of clay and shale microfabric signatures: Processes and mechanisms. Microstructure of Fine-grained Sediments: From Mud to Shale[C]. New York: Springer-Verlag: 5-32.

Bernard S, Horsfield B, Schulz H M, et al. 2012. Geochemical evolution of organic-rich shales with increasing maturity: A STXM and TEM study of the Posidonia shale (Lower Toarcian, northern Germany)[J]. Marine and Petroleum Geology, 31 (1): 70-89.

Bordenave M L. 1993. Geochemical methods and tools in petroleum exploration[M]. Paris: Applied Petroleum Geochemistry: 239-241.

Brunauer S, Deming L S, Deming W E, et al. 1940. On a theory of the Vander Waals Adsorption of Gases [J]. Journal of the American Chemical Society, 62 (7): 1723-1732.

Brunauer S, Emmett P H, Teller E. 1938. Adsorption of gases in multimolecular layers [J]. Journal of the American Chemical Society, 60 (2): 309-319.

Bustin R M, Bustin A M, Cui X, et al. 2008. Impacts of shale properties on pore structure and storage characteristics[C]. Shale Gas Production Conference, Fort Worth.

Centurion S, Cade R, Luo X L. 2013. Eagle Ford Shale: hydraulic fracturing, completion and production trends, Part III[C]. The SPE Annual Technical Conference, Louisiana.

Chalmers G R, Bustin R M, Power I M. 2012. Characterization of gas shale pore systems by porosimetry, pycnometry, surface area, and field emission scanning electron microscopy/ transmission electron microscopy image analyses: Examples from the Barnett, Woodford, Haynesville, Marcellus, and Doig units[J]. AAPG Bulletin, 96 (6): 1099-1119.

Chalmers G R, Bustin R M, Powers I M. 2009. A pore by any other name would be as small: The importance of meso-and microporosity in shale gas capacity[C]. AAPG Annual Convention and Exhibition, Denver.

Choquette P A, Pray L C. 1970. Geologic nomenclature and classification of porosity in sedimentary carbonates [J]. AAPG Bulletin, 54 (2): 278-298.

Cooles G P, Mackenzie A S, Quigley T M. 1986. Calculation of petroleum masses generated and expelled from source rocks[J]. Organic Gechemistry, 10 (13): 235-245.

Curtis J B. 2002. Fractured shale-gas system[J]. AAPG Bulletin, 86 (11): 1921-1938.

Curtis M E, Sondergeld C H, Ambrose R J, et al. 2012. Microstructural investigation of gas shale in two and three dimensions using nanometer-scale resolution imaging [J].AAPG Bulletin, 94 (4): 665-677.

Cusach C, Beeson J, Stoneburner D, et al. 2010. The discovery, reservoir attributes, and significance of the Hawkville Field and Eagle Ford Shale trend, Texas [J]. Gulf Coast Association of Geological Societies Transactions, 60 (35): 165-179.

David C, Wong T F, Zhu W, et al. 1994. Laboratory measurement of compaction-induced permeability change in porous rocks: Implications for the generation and maintenance of pore pressure excess in the crust[J]. Pure and Applied Geophysics, 143 (13): 425-456.

de Boer J H. 1958. The shape of capillaries[M]// Everelt D H, Stone F S. The Structure and Propertied of Porous Materials. London: Butterworth - Heinemann: 68-94.

Dewers T A, Heath J, Ewy R, et al. 2012. Three-dimensional pore networks and transport properties of a shale gas formation determined from focused ion beam serial imaging[J]. International Journal of Oil Gas and Coal Technology, 5 (2/3): 229-248.

Giffin S, Littke R, Klaver J, et al. 2013. Application of BIB-SEM technology to characterize macropore morphology in coal[J]. International Journal of Coal Geology, 144 (4): 85-95.

Hardlaw N C. 1976. Pore geometry of carbonate rocks as revealed by pore casts and capillary pressure[J]. AAPG Bulletin, 60 (2): 245-257.

Henk F, Breyer J, Jarvie D M. 2000. Lithofacies, petrology, and geochemistry of the Barnett Shale in conventional core and Barnett Shale outcrop geochemistry[C]. Brogden L. Barnett Shale Symposium, Fort Worth Texas. Texas: Oil Information Library of Fort Worth.

Hickey J J, Bo H. 2007. Lithofacies summary of the Mississippian Barnett Shale, Mitchell 2 T. P. Sims well, Wise County, Texas[J]. AAPG Bulletin, 91 (4): 437-443.

Horvath G, Kawazoe K. 1983. Method for the calculation of effective pore-size distribution molecular-sieve carbon[J]. Journal of Chemical Engineering of Japan, 16 (6): 470-475.

Hower J, Eslinger E V, Hower M E, et al. 1976. Mechanism of burial metamorphism of argillaceous sediment: Mineralogical and chemical evidence[J]. Geological Society of America Bulletin, 87(5): 725-737.

Hunt J M, Huc A Y, Whelan J K. 1980. Generation of light hydrocarbons in sedimentary rocks[J]. Nature, 288(5792): 688-690.

Jaroniec M. 1995. Evaluation of the fractal dimension from a single adsorption isotherm[J]. Langmuir, 11(6): 2316-2317.

Jarvie D M, Hill R J, Ruble T E, et al. 2007. Unconventional shale-gas systems: The Mississippian Barnett Shale of north-central Texas as one model for thermogenic shale-gas assessment[J]. AAPG Bulletin, 91(4): 475-499.

Jarvie D M. 2012. Shale resource systems for oil and gas: Part2: Shale-oil resource systems[J]. AAPG Memoir, 97(71): 89-119.

Javadpour F. 2009. Nanopores and apparent permeability of gas flow in mudrocks (shales and siltstone)[J]. Journal of Canadian Petroleum Technology, 48(8): 16-21.

Jennings D S, Antia J. 2013. Petrographic characterization of the Eagle Ford Shale, south Texas: Mineralogy, common constitutes, and distribution of nanometer-scale pore types[J]. AAPG Memoir, 102(78): 101-113.

John P. 1986. The distribution of uranium in coal containing uranium studies utilizing backscattered electron imaging[J]. Abroad Uranium Geology, 106(4): 18-20.

Katsube T J. 1992. Statistical analysisi of pore-size distribution data of tight shales from the Scotian Shelf[M]. Canada: Geological Sruvey of Canada: 65-372.

Keller L M, Holzer L, Wepf R, et al. 2011. 3D geometry and topology of pore pathways in Opalinus Clay: Implications for mass transport [J]. Applied Clay Science, 52(1-2): 85-95.

Keller L M, Schuetz P, Erni R, et al. 2013. Characterization of multi-scale microstructural features in Opalinus Clay[J]. Microporous and Mesoporous Materials, 170(4): 83-94.

Kharaka Y K. 1980. Petroleum formation and occurrence: A new approach to oil and gas exploration[J]. Earth Science Reviews, 16(16): 372-373.

Kirschbaum M A, Mercier T J. 2013. Controls on the deposition and preservation of the Cretaceous Mowry Shale and frontier formation and equivalents, Rocky Mountain region, Colorado, Utah, and Wyoming[J]. AAPG Bulletin, 97(6): 899-921.

Klaver J, Desbois G, Urai J L, et al. 2012. BIB-SEM study of the pore space morphology in early mature Posidonia Shale from the Hils area, Germany [J]. International Journal of Coal Geology, 103(23): 12-35.

Krohn C E. 1988. Sandstone fractal and Euclidean pore volume distributions[J]. Journal of Geophysical Research Atmospheres, 93(B4): 3286-3296.

Kuila U, Prasad M. 2013. Specific surface area and pore-size distribution in clays and shales[J]. Geophysical Prospecting, 61(2): 341-62.

Langmuir I. 1917. The constitution and fundamental properties of solids and liquids: Part 1, solids[J]. Journal of the Franklin Institute, 184(5): 102-105.

Lastoskie C, Gubbins K E, Quirke N. 1993. Pore size distribution analysis of microporous carbons: A density functional theory approach[J]. Journal of Physicao Chemistry, 97(18): 1012-1016.

Liu C, Shi B, Zhou J, et al. 2011. Quantification and characterization of microporosity by image processing, geometric measurement and statistical methods: Application on sem images of clay materials[J]. Applied Clay Science, 54(1): 97-106.

Loucks R G, Reed R M, Ruppel S C, et al. 2009. Morphology, genesis, and distribution of nanometer-scale pores in siliceous mudstones of the Mississippian Barnett Shale[J]. Journal of Sedimentary Research, 9(12): 848-861.

Loucks R G, Reed R M, Ruppel S C, et al. 2012. Spectrum of pore types and networks in mudrocks and a descriptive classification for matrix-related mudrock pores[J]. AAPG Bulletin, 96(6): 1071-1098.

Macquaker J H S, Bentley S J, Bohacs K M. 2010. Wave-enhanced sediment-gravity flows and mud dispersal across continental shelves: Reappraising sediment transport processes operating in ancient mudstone successions[J]. Geology, 38(10): 947-950.

Mckee C R, Bume A C, Koenig R A. 1988. Stress-dependent permeability and porosity of coal and other geologic formations [J]. SPE Formation Evaluation, 3(1): 81-91.

Milliken K L, Esch W L, Reed R M, et al. 2012. Grain assemblages and strong diagenetic overprinting in siliceous mud rocks, Barnett Shale (Mississippian), Fort Worth Basin, Texas[J]. AAPG Bulletin, 96(8): 1553-1578.

Milner M, Mclin R, Petriello J. 2010. Imaging texture and porosity in mudstones and shales: Comparison of secondary and ion milled backcatter SEM methods[C]. Canadian Unconventional Resources & International Petroleum Conference, Alberta.

Nelson P H. 2009. Pore throat sizes in sandstones, tight sandstones, and shales[J]. AAPG Bulletin, 93(3): 329-340.

O'Brien N R, Slatt R M. 1990. Argillaceous rock atlas [M]. New York: Springer-Verlag: 133-137.

O'Brien N R. 1971. Fabric of kaolinite and illite floccules [J]. Clays and Clay Minerals, 19(6): 353-359.

Passey Q R, Bohacs K M, Esch W L, et al. 2010. From oil-prone source rock to gas-producing shale reservoir-geologic and petrophysical characterization of unconventional shale gas reservoirs[C]. The CPS/SPE International Oil &Gas Conference, Beijing.

Passey Q R, Creaney S, Kulla J B. 1990. A practical model for organic richness from porosity and resistivity logs[J]. AAPG Bulletin, 74(5): 1777-1794.

Pfeifer P, Avnir D. 1983. Chemistry in no integral dimensions between two and three[J]. Journal of Chemical Physics, 79(7): 3369-3558.

Pollastro R M, Jarvie D M, Hill R J, et al. 2007. Geologic framework of the Mississippian Barnett Shale, Barnett - Paleozoic total petroleμm system, Bend arch-Fort Worth Basin, Texas[J]. AAPG Bulletin, 91(4): 405-436.

Rouquerol J, Avnir D, Everett D H, et al. 1994. Guidelines for the characterization of porous solids [J]. Pure and Applied Chemistry, 66(8): 1739-1758.

Saidian M, Kuila U, Rivera S, et al. 2014. Porosity and pore size distribution in mudrocks: a comparative study for Haynesville, Niobrara, Monterey and eastern European Silurian Formations[C]. The Unconventional Resources Technology Conference, Denver.

Saraji S, Piri M. 2015. The representative sample size in shale oil rocks and nano-scale characterization of transport properties[J]. International Journal of Coal Geology, 146(1): 42-54.

Schieber J, Krinsley D, Riciputi L. 2000. Diagenetic origin of quartz silt in mudstones and implications for silica cycling[J]. Nature, 406(6799): 981-985.

Schieber J, Southard J, Thaisen K. 2007. Accretion of mudstone beds from migrating floccule ripples[J]. Science, 318(5857): 1760-1763.

Schopf T J M. 1981. Phylogenetic patterns and the evolutionary process[J]. The Journal of Geology, 89(3): 391.

Sherer M. 1987. Parameters influencing porosity in sandstones: A model for sandstone porosity prediction[J]. AAPG Bulletin, 71(5): 485-491.

Sing K S W, Everett D H, Haul R A, et al. 1985. Reporting physisorption data for gas/solid systems with special reference to the determination of surface area and porosity (Recommendations 1984)[J]. Pure and Applied Chemistry, 57(4): 603-619.

Singh P, Slatt R, Borges G, et al. 2009. Reservoir characterization of unconventional gas shale reservoirs: Example from the Barnett Shale, Texas, USA [J]. Oklahoma City Geological Society, 60(1): 15-31.

Slatt R M, O' Brien N R, Molinares-Blanco C, et al. 2013. Pores, spores, pollen and pellets: Small, but significant constituents of resource shale[C]. Unconventional Resources Technology Conference, Denver.

Slatt R M, O' Brien N R. 2011. Pore types in the Barnett and Woodford gas shales: Contribution to understanding gas storage and migration pathways in fine-grained rocks [J]. AAPG Bulletin, 95(12): 2017-2030.

Smith J R, Chen A, Gostovic D, et al. 2009. Evaluation of the relationship between cathode microstructure and electrochemical behavior of SOFCs[J]. Solid State Ionics, 180(1): 90-98.

Sondergeld C H, Ambrose R J, Rai C S, et al. 2010. Microstructural studies of gas shales[C]. Society of Petroleum Engineers Unconventional Gas Conference, Pittsburgh, Pennsylvania.

Tissot B P, Welte D H. 1978. Petroleum formation and occurrence: A new approach to oil and gas exploration[M]. New York: Springer-Verlag.

Trager E A. 1920. A resume of the oil shale industry, with an outline of methods of distillation[J]. AAPG Bulletin, 4(1): 59-71.

Tran T, Sinurat P, Wattenbarger R A. 2011. Production characteristics of the Bakken Shale Oil[C]. The SPE Annual Technical Conference, Colorado.

Tucker M E. 2011. Sedimentary Petrology [M].3th ed. London: Wiley-Blackwell.

Wang F P, Reed R M. 2009. Pore networks and fluid flow in gas shales[C]. SPE Annual Technical Conference and Exhibition. Society of Petroleum Engineers, New Orleans.

Wang S, Feng Q H, Javadpour F, et al. 2015. Oil adsorption in shale nanopores and its effect on recoverable oil-in-place[J]. International Journal of Coal Geology, 147-148: 9-24.

Webster R L. 1984. Petroleum source rocks and stratigraphy of Bakken Formation in North Dakota [J]. AAPG Bulletin, 68(7): 490-507.

Zou C N, Yang Z, Cui J W, et al. 2013. Formation mechanism, geological characteristics and development strategy of nonmarine shale oil in China[J]. Petroleum Exploration and Development, 40(1): 15-17

彩　图

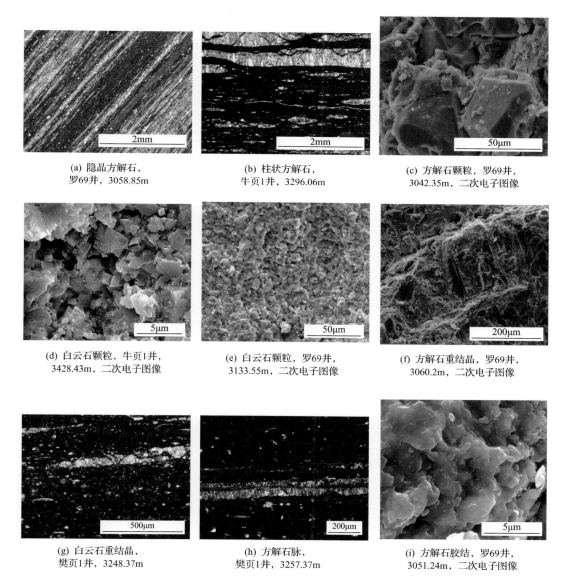

(a) 隐晶方解石，
罗69井，3058.85m

(b) 柱状方解石，
牛页1井，3296.06m

(c) 方解石颗粒，罗69井，
3042.35m，二次电子图像

(d) 白云石颗粒，牛页1井，
3428.43m，二次电子图像

(e) 白云石颗粒，罗69井，
3133.55m，二次电子图像

(f) 方解石重结晶，罗69井，
3060.2m，二次电子图像

(g) 白云石重结晶，
樊页1井，3248.37m

(h) 方解石脉，
樊页1井，3257.37m

(i) 方解石胶结，罗69井，
3051.24m，二次电子图像

图 3.2　沙四上亚段—沙三下亚段碳酸盐矿物特征

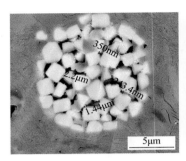

(a) 霉球状黄铁矿，牛页1井，
3302.9m，背散射电子图像

(b) 黄铁矿呈八面体，罗69井，
3098.15m，背散射电子图像

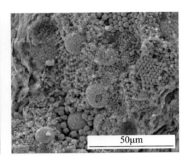

(c) 黄铁矿成群发育，利页1井，
3587.18m，二次电子图像

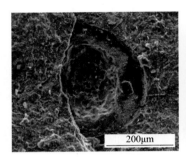

(d) 球粒状黄铁矿及生物印模，
罗69井，2978.9m，二次电子图像

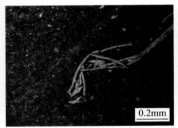

(e) 生物体腔孔，樊页1井，3236.21m

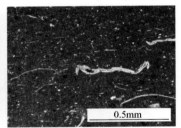

(f) 介形虫，罗69井，3015.55m

图 3.5 沙四上亚段—沙三下亚段黄铁矿和生物碎屑特征

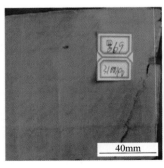

(a) 块状灰质泥岩，罗69井，3100.4m

(b) 纹层状灰质泥岩，罗69井，2918.94m

(c) 层状灰质泥岩，利页1井，3610.64m，
二次电子图像

图 3.15 沙四上亚段—沙三下亚段灰质泥岩特征

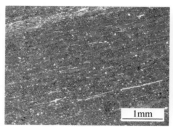 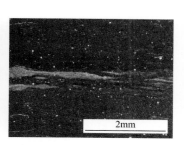 

(a) 纹层状含灰泥岩，罗69井，3119.5m　　(b) 含灰泥岩，见少量方解石，牛页1井，　　(c) 含灰泥岩，泥质层理明显，牛页1井，
　　　　　　　　　　　　　　　　　　　　　　3367.57m　　　　　　　　　　　　　　3302.9m，二次电子图像

图 3.16　沙四上亚段—沙三下亚段含灰泥岩特征

 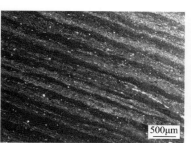 

(a) 纹层状含泥灰岩，罗69井，　　　　(b) 纹层状泥质灰岩，牛页1井，3426.5m　　　(c) 泥质灰岩，罗69井，2943.2m，
　　3052.1m　　　　　　　　　　　　　　　　　　　　　　　　　　　　　　　　　　　二次电子图像

图 3.17　沙四上亚段—沙三下亚段泥质灰岩特征

(a) 纹层状含泥灰岩，罗69井，　　　　(b) 纹层状含泥灰岩，罗69井，3041.35m　　　(c) 含泥灰岩，方解石胶结明显，罗69
　　3045.65m　　　　　　　　　　　　　　　　　　　　　　　　　　　　　　　　　井，3067.66，二次电子图像

图 3.18　沙四上亚段—沙三下亚段含泥灰岩特征

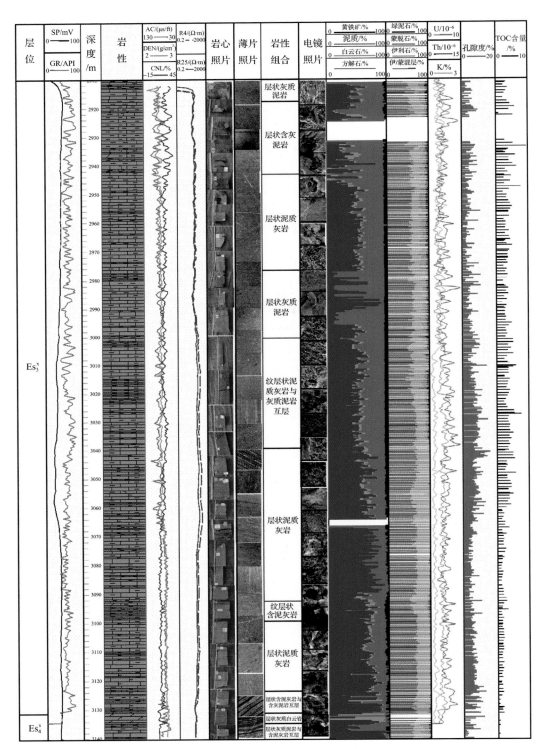

图 3.20　罗 69 井沙四上亚段—沙三下亚段岩心综合柱状图

1ft = 3.048 × 10⁻¹m

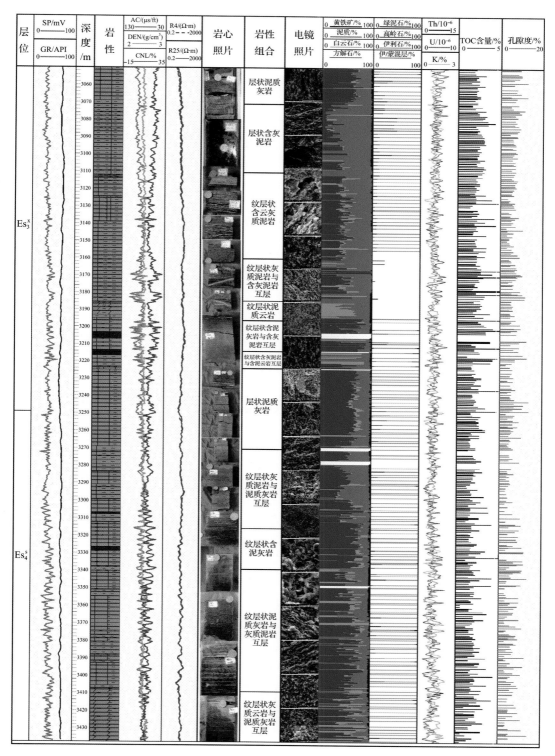

图 3.21　樊页 1 井沙四上亚段—沙三下亚段岩心综合柱状图

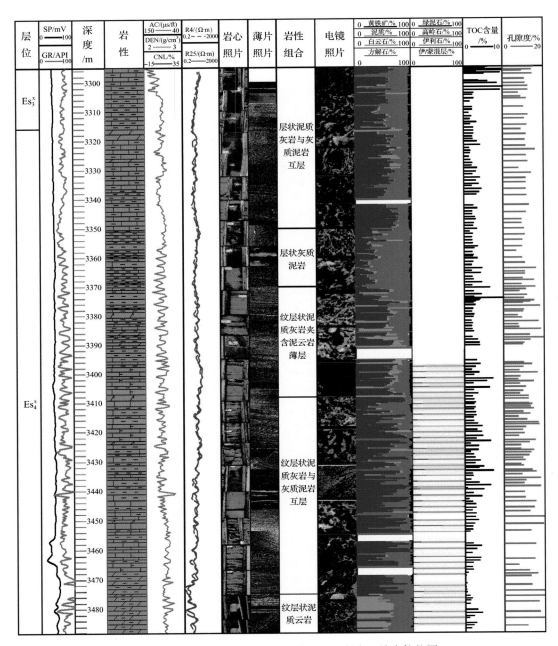

图 3.22　牛页 1 井沙四上亚段—沙三下亚段岩心综合柱状图

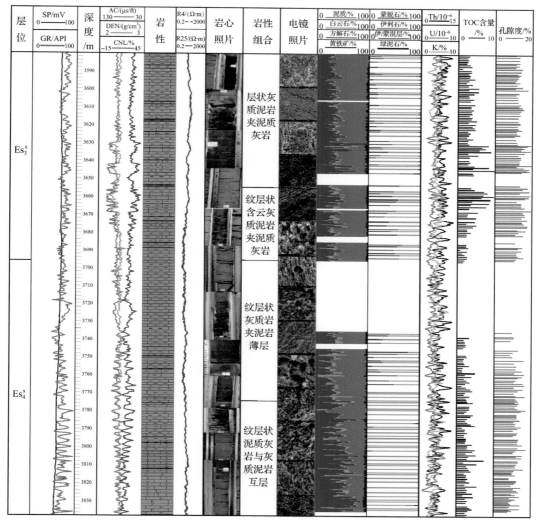

图 3.23　利页 1 井沙四上亚段—沙三下亚段岩心综合柱状图

(a) 异常压力缝，樊页 1 井，
3228.43m

(b) 超压缝，光学显微镜薄片观察；
牛页 1 井，3443.55m

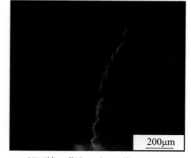

(c) 超压缝，荧光；牛页 1 井，3443.55m

图 4.10　沙四上亚段—沙三下亚段超压破裂缝特征

(a) 场发射环境扫描电子显微镜拼接图像　　　　　　　(b) 颜色标识图像

泥质碎片粒间孔　溶蚀孔　晶间孔　晶内孔

图 4.12　场发射环境扫描电子显微镜拼接图像及颜色标识图像

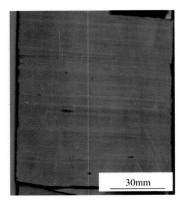

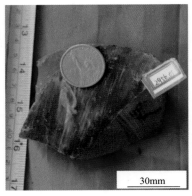

(a) 岩心见透镜状沥青；樊页1井，3324.75m　　　(b) 岩心自然破裂面油迹反光；罗69井，2956.05m

(c) 页理间见油迹；牛页1井，3408.37m

图 5.1　岩心观察油迹特征